내 차_로 가는
유럽여행

Prologue

세계 자동차 여행, 누구는 대단하다고 말하고 어떤 사람은 왜 고생을 사서 하느냐 한다. 자신도 해보고 싶다 했고 무모한 짓은 않겠노라 하는 사람도 있었다. 역시 세상이란 것이 여러 사람들이 서로 다른 생각을 가지고 부대끼며 살아가는 것 아니겠는가? 자동차 여행을 떠나기까지 오래 준비하지 않았고 깊게 생각하지 않았다. 길을 나서는 것 자체가 여행이니 우리는 평생을 여행하며 살아온 것이다. 단지 일상을 외국에서 보내야 하고 그 기간이 다소 오래 걸리는 것일 뿐이라는 가벼운 마음으로 여정에 올랐다.

여행을 통해 무엇을 채우고 돌아와야 하는가? 눈으로 보고 즐기는 것에 더해 무엇을 얻어야 할 것인가에 대해 고심했다. 진정한 여행이란 새로운 풍경을 보러 가는 것이 아니라 세상을 바라보는 또 하나의 눈을 얻어오는 것이다. 지구 저편에 사는 이웃들의 이야기를 듣고 싶었다. 우리는 실시간으로 제공되는 다양한 정보를 통해 국가와 국가, 사람과 사람 사이의 물리적 경계가 허물어지는 세상에 살아가고 있다. 달리 보면 인간의 한계를 지우고 영혼을 가두는 정보가 밀려드는 세상 속에 갇혀 있는 것이다. 남이 전달해 주는 지식과 정보의 노예가 아니라 스스로 선택하고 판단할 수 있는 주인의 위치를 찾고 싶었다. 역사라는 승자의 노트가 우월적인 힘의 논리에 점유되고, 불리한 역사를 조작한 사람들에 의해 이것이 사실로 굳어지는 어리석음을 세상의 여러 곳에서 보았다. 근현대사를 통해 승자와 강대국의 시각으로 평가된 왜곡된 역사관은 패자와 약소국에 대한 잘못된 정보를 양산했다. 강한 나라의 강요와 시각으로 역사를 재단함으로써 그들이 나쁘다고 하면 나쁜 것이 되었고 좋다고 하면 좋은 것이었던 시절이 있었다. 20세기 이후 미국을 비롯한 서유럽 블록과 소련 사이에 형성된 동서 냉전으로 인해 한국은 독립적으로는 어떤 일을 할 수 없는 고장난명(孤掌難鳴)의 시대를 관통해왔다.

현대인들은 자신이 유럽과 미국 중심의 이데올로기에 감염되어 있다는 사실을 의식하지 못한다. 자신의 믿음이 사회 보편적이지 않음에도 진실을 밝히지 않는 사이비 종교인과 같이, 멀쩡한 지식인들이 식민주의와 연결되는 유럽중심주의에 대해 아무런 의심조차 하지 않는다. 로버트 B. 마르크스는《어떻게 세계는 서양이 주도하게 되었는가》를 집필했다. 세계 경제를 장악했던 동양이 불과 2백 년 사이에 어떻게 서양에 역전당했는지를 흥미롭고 도전적으로 써 내려간 책이다. 저자는 서양은 선진국이고 동양은 후진국이라는 도식을 보기 좋게 파기하고, 미국을 포함한 유럽중심주의를 정면으로 반박한다. 여행하며 돌아본 세계는 여섯 개의 대륙이 아니라 '백(白)'과 '비백(非白)'의 두 대륙으로 이루어져 있었다. 유럽 식민지를 거쳐 독립한 아프리카와 라틴아메리카, 유럽 이민자들이 이주하여 건국한 북아메리카와 오세아니아에 이르기까지 세상은 백인들에 의해 지배되고 있었다.

우리가 배운 세계사는 미국과 서양 백인에 의해 쓰인 역사다. 세상의 모든 역사는 길 위에서 이루어졌다. 그 길 위에는 천여 년을 지키며 살아온 사람들의 시간과 공간이 있었고, 그들의 발자국이 고스란히 묻어있었다. 길을 따라가다 보면 살아온 조상의 역사가 보이고, 살아가는 사람의 삶의 궤적이 보인다. 만남과 헤어짐이 일어나고 번영과 쇠퇴를 가져온 것도 모두 길 위에서 일어난 일이다. 낯선 땅이란 없는 법이다. 단지 우리가 낯설어하기 때문이다. 우리는 길 위에서 세계의 역사를 다시 써 보기로 했다.

Contents

- -

스칸디나비아
반도

동유럽 &
발칸반도

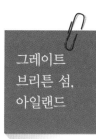

내 차로 가는
세계 일주
사전 준비

| 내 차로 가는 유럽여행 |

🚗 여행 기간은 길고 여유 있게 잡아라?

세계 일주를 처음으로 한 사람은 누구일까? 1519년 9월 20일, 마젤란이 이끄는 5척의 선단은 에스파니아 산루카르항을 출항해 대서양을 횡단했다. 그리고 칠레령 케이프 혼을 돌아 태평양을 건너 필리핀 세부에 도착했다. 마젤란은 원주민과 싸우다 전사하고 그의 부하 엘카노는 남은 대원과 함께 1522년 9월 8일 에스파냐로 돌아왔다. 마젤란은 항해 도중에 죽었어도 세계를 일주한 최초의 지구인으로 공인되었다. 포르투갈 함대에 있을 당시 나머지 구간을 항해한 적이 있었던 이유로 마젤란에게 세계 최초라는 타이틀을 주어 그의 위대한 성과와 노고를 기린다.

세계 자동차 여행을 위한 기간으로 얼마가 적당한가에 대한 답변을 내리기는 어렵다. 전적으로 여행자의 스타일, 패턴, 루트에 의해 결정되는 여행이기에 그렇다. 1년이 조금 넘은 기간에 세계 여행을 마치거나, 아니면 그 이상의 기간이 걸릴 수도 있는 것이다.

유럽인에 의해 주도되는 자동차 여행은 충분한 시간과 여유로운 휴식을 두고 장기간에 걸쳐 이루어진다. 그러나 한국 여행자는 목표를 향해 오로지 달려가는 마라토너와 같이 빠르다. 자동차 여행이란 것이 두 번 세번 떠날 수 없는 인생의 마지막 여행이 될 가능성이 크기에 충분한 기간을 할애해 여행을 떠나야 한다. 자기 주도적으로 세계를 둘러보기 위해 자동차를 가지고 떠나는 여행에서 제일 중요한 것은 충분한 여행 기간을 설정하는 것이다.

애초 우리는 1년 6개월의 기간과 누적 거리 10만㎞를 예상하고 한국을 떠났다. 북부 유럽을 돌아 영국을 거쳐 독일에 도착하니 차량 계기판의 주행거리는 55,000㎞에 도달했고 1년이란 기간이 훌쩍 넘었다. 여행 1주년을 유럽에서 맞이한 후에야 세계 자동차 여행을 1년 조금 넘어 끝낸다는 것은 오로지 신의 영역이라는 사실을 알게 되었다. 여행 일정의 대폭 수정이 필요했는데, 구체적으로 다시 세운 계획이 5년이었다. 러시아, 중앙아시아, 유럽, 중동, 아프리카, 아메리카 대륙의 여행을 4년에 걸쳐 마치고 일본 요코하마로 자동차를 탁송했다. 일본에서 코로나바이러스를 만나 나머지 일정을 취소하고 4년 만에 한국으로 돌아왔다.

🚗 여행 국가와 루트는 대략적으로, 디테일은 여행 중에!

세계 자동차 여행이란 수없이 많은 나라를 들러야 하는 방대한 여행이다. 수년에 걸쳐 이루어지는 여행으로 구체적으로 여행계획을 수립하는 것은 시간만 허비할 뿐이고 그다지 도움이 되지 않는다. '가급적 다시 올 마음이 들지 않을 정도로 보고 가자.'라는 나름의 풍성하고 포괄적인 계획을 세우는 것이면 족하다. 노트북에 유네스코 세계 문화유산, 베스트 드라이브 코스, 카페리와 숙박을 위한 웹사이트를 구축했다. 그리고 많은 일정이 소요되는 러시아, 유럽, 남·북미의 여행용 책자를 갖추는 것으로 여행 국가와 루트에 대한 구체적인 계획을 마쳤다.

모든 국가는 홈페이지를 통해 상세하고 방대한 여행 정보를 제공한다. 도시, 숙소, 길거리에는 여행 정보가 차고 넘쳐나 사전계획을 굳이 세우지 않아도 아무런 차질 없이 여행할 수 있다. 장기 여행은 차량 고장, 여행자의 건강문제, 경비조달의 차질, 개인적 사정으로 중도 귀국하거나 일정과 루트가 대폭 수정되는 등 변수가 많다. 세계 일주를 계획하고 떠난 사람이 유럽에서 돌아오기도 하고, 2년을 기약하고 떠난 사람이 1년 만에 돌아오는 일이 다반사다. 여행지의 계절과 날씨로 인해 일정이 틀어지는 등 여행계획을 가로막는 많은 난관이 여행자 앞에 놓여 있다.

🚗 차량 선정 시 고려 사항

차량을 선정하기 위해서는 인원, 루트, 숙박, 식사 등을 두루 고려해야 하며, 특히 다음 사항에 유의할 필요가 있다.

첫째 여행하고자 하는 대륙, 국가, 루트에 대한 사전계획을 세워보자. 아프리카를 종단한다면 동부로 할 것인지 서부로 할 것인지, 몽골의 고비Gobi사막이나 노던Northern루트, 중앙아시아를 들러 파미르 고원을 오를 것인지, 포장도로로만 달릴 것인지 비포장도로도 불사할 것인지 등을 종합적으로 고려해야 한다. 자동차 여행에 최적화된 차량은 지구상에 존재하지 않는다. 번듯한 도시와 한적한 시골, 혹한의 북극과 극한의 열대, 아스팔트 포장과 험한 비포장, 푹푹 빠지는 모래와 수렁으로 변한 진흙, 깊은 하천과 험한 산악도로, 울창한 밀림과 척박한 사막을 달려야 하는 세계 자동차 여행에서 모든 환경, 지형, 도로 조건을 완벽하게 충족시켜 주는 차량은 없다. 도시 위주로 여행하며 비포장도로를 피한다면 승용차도 가능할 것이다.

둘째　자동차를 차박 용도로 사용할 것인지, 아니면 숙박업소를 혼용할 것인지를 고려해야 한다. 대부분의 숙박을 차에서 해결하고자 한다면 그만한 공간이 필요할 것이다.

셋째　평소 몰던 차량을 가지고 떠나는 경우와 새로운 차량을 마련하여 떠나는 경우로 구분할 수 있을 것이다. 차량을 새로 마련하여 여행을 출발한다면 휘발유 차량이 권장된다. 많은 저개발국가에서는 디젤유가 무연이 아니라 유연이라 차량에 무리가 크다.

세계 자동차 여행은 많은 주행거리를 이동해야 한다. 차량이 클수록 추가로 감당해야 하는 유류비용이 작지 않다. 그리고 전적으로 차박에 의존하고 싶어도 외부 숙소를 이용하는 경우가 많다는 것을 유념해야 한다.

자동차로 여행하며 내린 결론은 원하는 조건을 충족하는 전제하에서 차량은 작을수록 좋다는 점이다. 특히 다음 몇 가지 사항을 고려하자.

첫째　캠핑카는 기동성과 순발력이 취약하고 험로와 비포장에서 주행성이 떨어진다. 도심지에서는 차량 운행과 주차가 어려우며, 고가의 해상 운송비용을 감수해야 한다. 반면에 넓은 공간을 확보하여 다수의 동반자들이 함께 여행할 수 있으며, 숙박 비용을 절감시킬 수 있고, 취사가 용이한 장점이 있다.

둘째　스포츠 유틸리티 차량SUV은 온로드와 오프로드를 겸용할 수 있는 차량이다. 험로주행에 유리하여 중앙아시아와 아프리카, 남미의 산악 지형을 두루 섭렵하기에는 최적의 선택이다. 도심의 진입과 주차가 용이하고, 목적지까지의 접근성을 고려하면 이보다 좋은 차종은 없다. 그러나 다수가 이동하기에는 공간이 비좁아 취사가 불편하고, 차박에 제한이 있는 것이 단점이다.

셋째　세단형의 승용차다. 온로드를 지향하고, 유럽을 중심으로 도시 여행을 하며, 숙박과 식사를 자동차와 굳이 연계하지 않으면 2인의 여행자에게 적합하다. 차량 안전과 도난 방지에 유리하고, 도심 주행이나 주차, 편의시설의 이용에 있어 이보다 더 좋은 선택은 없다. 그러나 낮은 지상고로 인해 험한 도로를 달리기에 적합하지 않아 여행지가 제한되며, 짐을 많이 싣지 못하는 단점이 있다.

우리는 2인 여행이었고, 중앙아시아와 아프리카, 남미의 험지를 피하지 않아야 할 코스로 염두에 두고 있어 캠핑카는 고려 대상이 아니었고, 승용차도 생각할 여지가 없었다. 그렇게 결정된 차종이 스포츠 유틸리티 차량이다. 기아 모하비를 새로 산 것은 차량 수리와 고장을 줄이려면 아무래도 새 차가 유리하다고 판단했기 때문이다. 지인들이 한국산 SUV로 갈 수 있겠냐며 의문을 제기했다. 랜드로바로 가야 하느니 랜드크루저로 가야 하느니 설왕설래했지만, 국산 SUV로 한 번도 세계 자동차 여행을 시도하지 않은 것에 대한 우려일 뿐이었다.

모하비는 우려와 다르게 만족스럽게 잘 달렸고, 별다른 이상 없이 여행을 마쳤다. 해외에 나오면 애국자가 된다는 말이 있듯, 자동차 여행자들이 세계를 두루 돌아다니기에 '메이드 인코리아' 차량만큼 좋은 선택도 없다는 것을 알았으면 좋겠다.

🚗 여행 준비물은 무엇이 필요할까?

여행을 떠나기 전에 누구나 무엇을 준비해야 할지를 고심한다. 하지만 언제 쓸지도 모르는 물품을 싣고 다니며 연비를 저하시키거나, 상시 적재 하중으로 인해 차량에 무리를 주는 일은 금기이다. 가뜩이나 좁은 공간을 물품으로 가득 채우는 어리석음을 범해서는 안 된다는 것을 명심하자.

우리 역시 무엇을 준비해 가야 할지 고심했지만, 완벽한 출발 준비라는 것은 애당초 존재하지 않았다.
역시나 바다 건너 도착한 러시아 블라디보스토크의 시청사 근처에 있는 아웃도어용품점에는 많은 종류의 여행용품이 한국보다 더 저렴한 가격으로 진열되어 있었다.

준비물의 원칙은 얼마나 적게 준비해 나가느냐에 있다. 우리가 꼭 필요했다고 판단한 준비물은 아래와 같다.

침낭

자동차 여행자는 장기간에 걸쳐 기후와 환경 변화가 일어나는 상이한 위도를 따라 위와 아래를 오르내린다. 8월 1일에 찾은 유럽 최북단 노르드캅은 칼바람과 내리는 눈으로 뼛속까지 으스스했다. 모로코의 6월 기온은 섭씨 35도로 무더웠지만, 밤에는 영하 5도까지 내려가는 등 일교차가 컸다. 기온의 변화에 능동적으로 대처하려면 침낭은 필수다. 또 침구의 세탁이나 소독상태가 불량한 나라는 선진국과 후진국의 구별이 없다. 여행에서 가장 신경 써야 하는 피부병은 선진국이라고 예외일 수 없다. 우리는 영국 홀리헤드에 있는 펜션과 가봉의 수도 리브리빌의 호텔에서 원인 미상의 피부병을 얻어 오래오래 고생했다. 습도가 높거나 침구의 청결 상태가 미심쩍다면 침낭을 펴야 한다는 것을 명심하자.

 텐트

캠핑장에서 숙박을 해결하거나 오지 여행 중 차량의 고장이나 숙소가 없는 경우를 대비해야 한다. 텐트는 가급적 소형으로 무게가 가볍고 설치가 간단해야 한다. 또 철수가 수월하고 습기나 우천에도 실내를 잘 보전하는 방수제품을 골라야 한다.

 모기장

모기는 말라리아, 상피병, 황열병, 뎅기열 등의 질병을 매개한다. 말라리아는 연 40만 명의 사망자를 내고 있어 인류의 공적 No.1의 전염병이다. 동남아시아, 중동, 아프리카, 남아메리카의 전 지역에서 발생한다. 황열병은 독성기로 접어든 환자의 절반이 사망에 이른다는 WHO의 보고가 있다. 뎅기열은 바이러스를 죽이거나 억제하는 특이한 치료법이 없는 것으로 알려져 있다. 아프리카와 남미 여행자는 모기에게 물리지 않도록 각별히 유의해야 한다. 모기 기피제를 바르거나 퇴치제를 설치하지만, 그 효과는 모기장을 따라갈 수 없다. 우리는 남대문 시장에서 원터치 모기장을 구입해 너덜너덜해질 때까지 요긴하게 사용했다.

 코펠 및 버너

숙박 형태를 고려한 조리 기구를 준비해야 한다. 만약 호스텔이나 게스트하우스를 중심으로 숙박을 할 경우라면 일반 가구용 조리 기구 중에서 작은 것을 고르면 된다. 1~2인용 전기밥솥이나 프라이팬, 냄비의 소지도 가능하다. 집에서 사용하던 것을 가지고 나가도 좋다. 야외 취사의 경우라면 전기 공급에 차질이 있을 수 있으므로 작은 석유 버너나 가스 버너를 준비해야 한다.

차량용 냉장고

식자재를 청결하고, 위생적이며, 장기보관하기 위해서는 차량용 냉장고가 요구된다. 가전제품은 온라인을 지양하고, 오프라인 매장에서 육안으로 확인하고 구매해야 한다. 가급적 큰 용량이 좋으며, 전원은 시거잭과 110/220V 겸용으로 하여 자동차와 숙소에서 사용해야 한다. 우리도 온라인으로 구매한 냉장고를 몽골에서 버리고 다른 제품을 구매하여 나머지 기간 내내 사용했다.

 ## 차량 숙박을 위한 준비사항

캠핑카로 떠난 여행자가 모든 숙박을 차 안에서 해결했다는 이야기는 들어보지 못했다. 캠핑장이 없는 나라와 지역이 많으며, 정박지의 안전, 우천, 강설 등의 지리·환경적 요인 등으로 차박을 할 수 없는 경우가 많다. 또 급수공급이 원활치 않아 세탁물 등의 처리가 곤란한 경우가 생기며, 도심으로 들어가야 하는 어쩔 수 없는 경우도 빈번하게 일어난다. 여행자들은 마치 모든 숙박이 자동차를 통해 이루어질 것으로 예상하고 여행을 떠난다. 차량 내부를 평탄화하고, 무시동 히터를 매립하며, 인산철 파워뱅크를 장착한다. 지구상에 한국과 같이 난방시설을 갖춘 나라는 그리 많지 않다. 특히 북위 35도 아래에 있는 국가에서 거주 시설에 난방설비를 갖추고 사는 나라는 보기 힘들다. 차박과 외박을 현지 지역별 상황에 맞춰 적절히 병행해야 한다는 것을 명심하자.

 ## 차량용품

펑크를 수리하기 위한 유압자키와 수리용 키트가 있어야 한다. 공기압 주입기Inflator는 다목적을 피하고 단일 기능의 제품을 구입하는 것이 좋다. 견인로프는 충분한 인장력을 가진 제품으로 선택해야 하며, 필히 오프라인 매장에서 육안으로 확인한 후 구입해야 한다. 아프리카 나미비아 사막에 빠져 현지 차량의 도움을 받았으나 온라인으로 구매한 견인로프의 버클이 빠져 개망신을 당했다. 예비 타이어는 가능하면 2착을 준비하는 것이 좋다. 실제 몽골에서 하루에 2번 펑크 난 경우가 있었다. 세계 오지의 어느 곳이든 펑크 수리점이 있기에 신속하게 예비 타이어로 교체하고 펑크 수리점에서 수리하는 것이 좋다. 오일필터, 에어필터, 에어컨필터, 브레이크패드는 점검, 교체 주기에 맞추어 준비하자. 디젤 차량은 경유 불량으로 인해 연료필터를 자주 교체해야 한다는 것을 명심하자. 다른 여행자가 준비해서 떠난 것을 참고할 수는 있지만, 반드시 따라서 갖춰야 하는 것은 아니다. 우리도 앞길을 달려간 여행자들의 블로그와 책자를 읽고 젤리캔 20리터 2개와 10리터 1개를 구입해 차량 루프에 장착했다. 그러나 러시아로부터 중앙아시아를 거쳐 유럽을 마칠 때까지 한 번도 사용하지 않았다. 몽골의 노던 루트, 타지키스탄의 파미르 고원, 카자흐스탄의 그 넓은 대평원에도 사람이 살고 있었고, 이들의 주된 교통수단이 자동차가 된 것은 우리와 크게 다르지 않았다. 열악한 조건을 가진 아프리카에도 차가 있으면 주유소가 있게 마련이다. 연비가 좋지 않아 리터당 5~6㎞를 달리거나 주유소를 지나치는 실수가 없다면 젤리캔은 필요한 물품이 아니었다. 한 번도 사용하지 않고 6만㎞를 싣고 다니다 핀란드와 스페인에서 각 1개씩을 버렸고, 나머지 한 개는 터키의 노상에서 잃어버렸다. 러시아와 유럽의 주유소, 마켓에서 쉽게 살 수 있는 젤리캔을 한국에서부터 준비하는 것은 불필요한 일이다.

🚗 자동차 고장과 수리를 걱정하지 마라

자동차 연식이 오래되고 주행거리가 늘수록 고장 날 가능성이 커진다. 자동차 제작사의 정기검사와 수시점검이 해외에서는 유효하지 않다. 외국의 정비업소에 들러 점검을 받거나 부품을 조달하여 수리하는 환경도 한국과 같이 기대할 수 없다. 러시아에서는 러시아산 차를 타고 독일에서는 독일산 차로 여행한다면 더할 나위 없이 좋겠지만, 현실은 그렇지 못하다. 세계 전역에서 생산된 수천 종류의 차들이 달리는 도로에서 차량고장으로 인해 운행 차질이 생기거나 안전에 문제가 발생하면 자동차 여행의 순조로운 진행은 치명적인 어려움에 봉착할 것이다.

러시아, 유럽, 아프리카, 아메리카 대륙의 어느 도시나 현대와 기아 매장이 있다. 이들 매장은 국내에서 판매되는 차종을 모두 취급하는 것이 아니라 현지인들이 선호하는 경쟁력 있는 차종을 선별하여 판매한다. 차량이 현지에서 판매되는 차종이라면 점검, 수리, 부품 조달이 수월할 것이다. 기아 모하비의 경우 러시아, 요르단, 아프리카 이집트, 수단, 세네갈에서 판매하지만, 유럽에서는 스포티지와 쏘렌토까지 취급했다. 맞은편 트럭에서 튄 돌에 맞아 깨진 앞 유리는 모스크바에 있는 기아 서비스에서 교체했다. 만약 유럽에서 깨졌다면 테이프를 붙이고 다니거나 심하면 한국에서 유리를 공수해 와야 했을 것이다.

자동차의 정상적인 작동과 운행이야말로 여행을 성공적으로 끝내기 위한 가장 중요한 요소다. 정기 및 수시점검을 통해 최적의 상태로 차량을 유지·관리해야 한다. 그리고 거친 환경에 노출된 채로 쉴 새 없이 달려야 하는 최악의 조건이므로 자주 정비센터에 들러 차량 상태를 점검해야 한다. 유럽, 북미, 러시아의 일부 정비센터는 철저하게 예약제로 운영된다.

국가와 도시를 쉼 없이 이동하는 여행자가 원하는 일자와 시간에 차량을 점검하거나 수리하는 것은 어려운 일이다. 대도시에 도착하면 정비업소를 찾아 예약하고, 여행과 휴식을 취하며 차량 점검과 수리를 받아야 한다. 만일 자동차 부품이 없다면 한국으로부터 조달해야 한다. 우리도 이집트에서 SGR Assembly 부품을 한국으로부터 DHL로 공수했다.

🚗 신용카드를 잘 준비해야 한다

많은 나라를 오랜 기간에 걸쳐 여행해야 하므로 방문 국가의 지불통화에 대한 정보를 알아야 한다. 유럽에서도 카드가 통용되지 않는 나라가 있다. 또 중앙아시아, 아프리카의 일부 국가는 현금으로 지불수단이 한정되어 있다. 여행을 출발하기 전에 신용카드를 준비해야 한다. 어떤 책자에서는 시티은행의 카드를 준비하라고 하는데 근거가 없는 말이다. 발행하는 카드사나 은행이 중요한 것이 아니라 서비스를 제공하는 브랜드가 필요한 것이다. 즉 마스터카드^{Master Card}, 비자카드^{Visa Card}와 제휴한 카드를 발급받아야 한다. 두 브랜드를 동시에 소지해야 하는 이유는 하나의 브랜드만 취급하는 제휴업체가 있기 때문이다.

카드를 발급받으면 IC칩 비밀번호Pin을 등록해야 한다. 일부 해외가맹점의 거래 시 Pin을 요구하는 경우가 있으므로 출국 전 반드시 IC칩 비밀번호의 등록 여부를 확인해야 한다. IC카드의 IC칩 비밀번호는 ARS나 인터넷 홈페이지를 통한 등록 및 변경이 불가하다. 또 해외가맹점에서 원화로 카드 결제하면 추가 수수료가 부과되므로 현지 통화로 결제해야 한다. 일부 가맹점에서는 수수료를 받기 위해 원화 결제를 요구한다. 원화로 결제하면 현지 통화가 원화로 전환되는 과정에서 수수료가 부과되고, 마스터나 비자 카드사를 통해 미화로 재차 결제되며 청구금액이 상승한다. 어떤 여행자는 어느 카드가 수수료가 작다고 하지만, 이 또한 근거가 약하다. 신용카드는 세계 어느 나라에서 사용하든 미 달러화로 환산되며, 청구금액에는 각 브랜드의 국제거래 처리 수수료 1%가 포함된다. 이는 전 세계 공통이다. 해외여행 중에 카드를 분실하거나 도난당했다면 즉시 카드사에 신고하고 교체카드를 받을 수 있도록 장소와 일정을 조율해야 한다. 장기 여행 중에 카드사용이 반복되면 신용정보가 노출된다. 우리도 여행 도중에 아프리카에서는 KB, 남미에서는 하나은행으로부터 카드의 해외사용을 일시 제한한다는 메시지를 수신했다. 국제전화로 확인해 보니 신원미상의 사람이 우리의 카드번호를 이용해 온라인으로 6회 이상 결제를 시도했다는 것이다. 사용된 카드번호를 입수하거나, 거래처에 대한 해킹 또는 의도적 노출 등을 통해 현금 인출을 시도한 것으로 보였다.

그럼 어떤 방법이 좋을까? 체크카드를 사용하는 것이다. 예금 잔액 안에서 인출이 가능하므로 카드 정보를 이용한 현금 인출과 물품구입 등의 범죄에도 손실을 최소화할 수 있다.

카드로 현금을 인출하려면 MasterCard는 MasterCard 또는 Cirrus 로고, VisaCard는 Visa 또는 Plus 로고가 부착된 전 세계 ATM에서 사용이 가능하다. 해외 ATM 예금인출이 등록된 카드는 예금인출이 가능하고 등록이 되지 않은 카드는 현금서비스만 가능하다는 것을 알아야 한다. 해외 ATM의 1회 인출 한도는 국가별, 은행별, ATM 단위로 다르다. 일부 지역의 비표준화된 ATM은 비밀번호가 6자리일 수 있으므로 카드 비밀번호의 뒷자리에 0을 두 개 포함해 6자리를 입력해야 한다. 그리고 여러 차례 비밀번호 입력 오류 시에는 카드사용에 제한이 있을 수 있다. 예금 잔액 조회 시에도 수수료가 부과되니 조심해야 한다. 또 ATM에서는 반드시 손으로 가려 신용카드의 불법 복제와 비밀번호 유출을 막아야 한다. 아울러 수시로 비밀번호를 예측 불가능한 숫자로 바꾸어 사용해야 한다.

카드는 남의 손에 들어가면 내 것이 아님을 반드시 명심하자. 한 번은 멕시코에서 주유 후 카드로 결제하고 한참을 달리니 휴대폰으로 결제내역이 떴다.

"이건 뭐야? 두 번 결제됐네."

괘씸해서 차를 되돌려 찾아가다 밤도 늦었고 오가며 쏟아야 할 연료비가 그 돈일 듯해서 포기했다. 카드를 남의 손에 넘겨줘 일어난 실수다. 누구는 카드 결제내역을 알려주는 SNS 서비스에 가입하라고 한다. 우리도 물론 가입했다. 그러나 결제와 동시에 거래내역을 바로 알려주는 국가는 그리 많지 않다.

자동차 여행이란 한두 달에 끝나는 여정이 아니다. 오랜 기간에 걸쳐 여러 국가에서 사용하는 카드 거래의 빈도와 사용금액은 일반인의 여행에 비교할 수 없다. 그러다 보니 우리에게도 듣도 보도 못한 많은 카드 문제가 발생했다. 낡은 ATM의 Slot에서 카드가 빠지지 않아 카드사에 분실 신고한 후 카드를 ATM에 두고 나오기도 했다. 또 카드의 마그네틱이 손상되어 대금지불과 현금 인출이 불가한 경우도 여러 차례 발생했다. 이런 경우의 수를 감안해 카드를 여유 있게 지참하여 여행 중의 카드 손상, 분실, 도난 등에 대비해야 한다.

서너 명의 외국인이 몰려들어 사진을 찍어 달라, 돈을 바꿔 달라는 등 시끌벅적하게 호들 갑을 떨면 일단 경계하자. 신용카드나 돈이 사라질지 모른다. 또 상점이나 주유소에서 종업원이 결제를 위해 신용카드를 들고 보이지 않는 곳으로 가면 추가 결제나 복제를 시도할 가능성이 농후하기에 즉시 제지해야 한다.

🚗 여행 비용은 얼마나 들까?

여러 사람으로부터 받은 질문 중의 하나가 비용에 대한 문의다. 혹자는 저비용의 여행을 선호하고 어떤 사람은 안락한 여행을 추구한다. 차박을 하고 식사를 자급하여 해결하면 비용은 절감된다. 호스텔, 게스트하우스, 중저가의 호텔을 이용하고 매식과 직접 조리방식을 혼용하면 비용은 올라간다. 여행지를 그냥 지나치면 돈이 들지 않을 것이고 구석구석 들여다보면 입장료 등 지출하는 돈이 많아진다. 여행자는 서로 다른 조건을 가지고 여행을 한다. 앞서간 여행자의 경비를 참고할 수 있지만, 자신의 여행에는 전혀 맞지 않는 것이다.

유념할 것은 예상치 않았던 추가 비용의 지출이다. 타이어 교체, 관광지 입장료, 현지 로컬 여행비, 비자 수수료, 자동차보험, 통관 수수료, 차량 고장과 수리 등의 비용이 얼마가 들지 예측하기는 쉽지 않다. 주된 비용 항목을 좀 더 들여다보면 다음과 같다.

첫째 숙박 비용이다. 러시아와 중앙아시아는 숙박업소의 선택이 수월하지 않았다. 대도시의 경우는 대개 부킹닷컴이나 아고다의 숙박 정보를 이용해 숙소를 선택한다. 몽골의 수도인 울란바토르, 카자흐스탄 알마티, 타지키스탄의 두샨베는 2인 더블룸 기준으로 대략 40불 내외로 숙박이 가능했다. 내륙으로 들어가면 인터넷 접속이 원활하지 않아 마을에 도착한 후에야 민박을 찾아야 했는데, 대략 30불 내외에서 해결되었다. 유럽에 가까워지면 숙박비가 가파르게 상승한다. 모스크바, 상트페테르부르크, 발트 3국에서부터 오르기 시작한 숙박비는 동부 유럽까지 완만한 상승세를 보이다가 북부 유럽에서 최고점을 찍고 중부와 동부 유럽에서 보합세를 보이며 영국과 아일랜드로 이어진다. 고려할 사항은 성수기다. 여행 루트와 체류 일자가 결정되면 부킹닷컴이나 호텔닷컴 등 인터넷 포털을 통해 숙박 비용을 직접 산출해 보는 것이 좋다. 관광객이 몰리는 도시는 금요일과 토요일에 숙박 비용이 폭등하기에 피하는 것이 좋다.

둘째 유류비다. 러시아와 중앙아시아는 저렴한 가격으로 주유할 수 있다. 국가별로 여행 구간에 대한 거리를 산정한 후 연비를 감안해 계산하면 대략적인 유류 금액이 숙박비보다 사실에 근접하게 산출된다. 러시아는 경유 리터당 650원, 카자흐스탄은 350원, 키르기스스탄과 타지키스탄은 800원, 서유럽은 1,200원, 나머지 유럽은 1,500원 내외로 보면 거의 근사치에 가깝다. 가장 비싼 곳은 노르웨이 노르드캅으로, 경유는 리터당 1,800원을 줘야 했다. 유류비 산정의 요소인 주행연비는 비포장을 제외하면 여타 국가의 일반도로는 한국에 비해 차량이 적고 교통체증이 심하지 않아 차량이 너무 노후되지 않았다면 공인연비를 확보하는 데 문제가 없다. 눈에 띄게 싼 금액으로 파는 주유소는 불량유라는 것을 명심해야 하며, 요소수 장착 차량은 특히 조심해야 한다.

셋째 식사에 대한 문제로, 여행 중에 식당을 찾아 식사하는 것은 쉬운 일이 아니다. 한국 음식으로 매끼를 해결하자면 식자재의 확보가 어렵고, 싣고 다녀야 할 부피와 내용 또한 만만치 않다. 중앙아시아를 지나 러시아 모스크바까지는 한국보다 저렴한 비용으로 식사할 수 있다. 유럽에 들어가면 식사와 식자재 구입 등으로 지출되는 금액이 급격히 상승한다. 매식의 경우 북유럽과 중서부 유럽은 최하 15유로는 주어야 하고, 음료수라도 곁들인다면 1인당 20유로까지 지출해야 한다. 유럽에서는 매식이 부담되므로 자급 식사의 방법을 찾아야 한다. 큰 도시에 가서 확인할 일은 차이나타운의 존재 여부다. 이곳에 가면 쌀, 두부, 라면, 고추장 등 한국산 식품을 구입할 수 있다.

넷째 자동차 수리와 점검에 드는 비용이다. 하루의 휴식도 없이 달리는 차량에 대한 정기점검과 예방정비는 빈번하게 시행되어야 한다.

다섯째 부대비용이다. 비자비, 대행 수수료, 통관수수료, 여행자보험, 그리고 여유자금이 여기에 해당한다. 개개 여행자의 주관적 판단이 많이 개입되는 부분으로, 여유자금을 얼마로 할지는 개인이 결정할 일이지만 많을수록 여행은 차질없이 진행된다.

자동차 여행에서 돈이란 무엇인가?

러시아 블라디보스토크로부터 몽골과 중앙아시아를 거쳐 러시아를 떠날 때에는 "이 정도였어?"라고 웃으며 유럽대륙으로 들어간다. 그리고 고물가와 경비의 급속한 증가에 직면한다. 어떤 경우는 여행을 포기하기에 이르고, 또 어떤 경우는 달리기라도 하듯 유럽대륙을 직선으로 그어 횡단한다. 그리고는 스페인에서 지척인 모로코를 스치듯 다녀오는 것으로 아프리카를 대신하고 아메리카 대륙으로 넘어간다. 경비를 줄일 수는 있어도 안 쓸 수는 없는 것이 여행이다. 세계 여행은 일 년 이상 심지어는 더 이상의 기간이 소요되는 여정이기에 많은 돈이 든다. 여행 경비의 부족을 이유로 여행 일정을 단축하고, 루트를 변경하며, 시작과 끝에만 방점을 찍는 것은 좋은 여행이 아니다. 결론적으로 여행 경비는 여유 있게 확보하여야 하고, 경비 절감에 대한 노력은 계속 고민해야 하는 게 세계 일주 여행자의 숙명이다.

요소수 차량

요소수, 대륙과 국가별로 부르는 이름이 다르다. Adblue, Urea, Flua, DPF 등. 우리는 어디서나 쉽게 요소수를 구할 수 있을 것으로 보고 10ℓ들이 캔 1개를 달랑 차에 싣고 여행을 떠났다. 그러나 요소수라는 말을 아는 사람도, 요소수를 넣는 차량도 찾을 수 없었다. "한국에 가서 사 가지고 와야 하나?"를 심각하게 고려할 즈음, 러시아 치타에서 요소수를 찾아냈다. 주유소가 아니라 누구도 찾기 힘든 자동차 용품점Car Parts & Accessary에서 팔고 있었다.

모스크바와 상트페테르부르크는 하이웨이의 큰 주유소에서 요소수를 팔았고, 유럽은 요소수를 구하기가 한국보다 수월했다. 남미의 경우는 여러 주유소를 전전하면 요소수를 구할 수 있으며, 중미는 예상 주행거리에 따른 요소수를 남미에서 확보하고 들어가는 것이 좋다. 미국과 캐나다는 하이웨이의 휴게소나 대형마켓에서 판매한다. 명심할 것은 시베리아, 중앙아시아, 중동과 아프리카, 남미 일부, 중미를 여행하려면 사전에 요소수 수급계획을 세워야 한다는 점이다. 우리는 요르단에서 5통을 사서 차에 싣고 이집트로 들어갔다. 그리고도 부족해 케냐에서 5통을 추가로 구입했다. 남아프리카 공화국에서는 10통을 차에 싣고 서부 아프리카로 출발했다. 흔히들 요소수의 연비가 10ℓ 기준 8,000㎞라고들 하는데, 우리의 경험으로는 모하비 기준으로 4,000㎞면 적당하다.

알아야 할 일은 요소수가 부족하면 과속은 금물이라는 점이다. 요소수를 판매하는 곳이 꼭 주유소가 아니라는 사실과, 요소수의 연비가 좋게 나오지 않는다는 것을 염두에 두면 우리와 같은 시행착오를 겪지 않아도 된다.

여행의 출발

| 내 차로 가는 유럽여행 |

일시 수출입하는 차량통관에 관한 고시

한국에서 자동차를 반출하여 여러 국가를 여행하는 것은 어떤 법령과 절차에 의해 이루어지는지 궁금해하는 사람이 많다. 외국으로 자동차를 반출해 여행하고자 하는 사람들이 숙지할 관련 법령은 '일시 수출입하는 차량통관에 관한 고시'다.

1949년 9월 19일, 스위스 제네바에서 '도로교통에 관한 협약'이 체결되었다. 국가 간의 원활한 차량 이동과 사람과 차량 안전을 보장하기 위해 조인된 국제협약이다. 교통 시설물과 교통 규칙, 차량 장치와 성능 등에 대한 통일된 규칙과 국제 표준화를 제정하기 위해 조인되었으며, 한국은 1971년에 가입했다. '일시 수출입하는 차량통관에 관한 고시'는 '도로교통에 관한 협약'을 근거로 하여 여행자가 차량을 일시 외국으로 반출하고 여행의 종료와 더불어 반입하는 데에 따른 통관절차와 조치 등을 규정한 고시다.

일시 수출입하는 차량에 대한 적용 범위는 일시 수출입자가 본인이 사용하기 위한 목적으로 반출입하는 자가용 승용차, 소형 승합차(일시수출 차량에 한정), 캠핑용 자동차, 캠핑용 트레일러, 그리고 이륜차에 해당한다. 차량을 일시 수출입하는 절차는 의외로 간단하다. 자동차 등록을 관할하는 지자체 관련 부서에 자동차 일시반출신청서를 제출하고 영문으로 된 자동차등록증을 발급받는다.

신고인의 자격은 자동차를 다시 반입할 것을 조건으로 자신의 차량을 수출하는 사람을 말하며 가족 명의의 차량을 반출하고자 할 경우에는 등록명의인의 위임장을 제출해야 한다. 유의할 것은 법적으로 타인 명의의 차량에 대한 해외반출이 가능하다 해도 일부 국가에서는 차량의 소유자와 운전자가 다르다는 이유로 통관이 불허될 수 있다는 것을 염두에 두어야 한다.

그리고 자동차를 반출하는 공항이나 항만을 관할하는 세관으로 이동하여 일시 수출입신고서를 작성하고, 영문 자동차등록증과 국제 운전 면허증 사본을 첨부하여 제출하고 일시 수출입 신고필증을 교부받는다. 이후 보세구역으로 이동해 영문으로 자체 제작한 자동차 번호판과 국가식별기호를 부착하고 통관검사를 마침으로써 해외반출에 대한 통관절차가 완료된다.

여행을 마친 후 자동차가 한국으로 돌아오면 세관에 재수입신고를 해야 한다. 신고는 수출 통관지 세관을 원칙으로 하지만 어느 곳의 세관에서도 처리가 가능하다. 자동차 수출 시 수리된 '일시 수출입 신고필증'의 제출로 재수입 절차가 마무리된다. 재수입 기간은 수출신고수리일로부터 2년 이내를 고려하여 정한다. 기간 연장도 가능하나 그 기간은 최초의 수출신고 수리일로부터 2년을 초과할 수 없도록 규정되어 있다. 2년을 초과하여 재수입 기간을 위반하게 될 경우는 무관세 적용이 아니라 정식적인 수입 통관절차를 받아야 한다는 것을 명심하자. 2년을 초과하여 자동차 여행을 한다면, 2년이 경과하기 전에 차량을 한국으로 반입한 후 일시 수출입에 따른 절차를 처음부터 다시 밟아야 한다. 또 자동차의 일시 수출입 기간 중에 자동차의 정기점검 및 검사 유효기간이 도래하면 자동차 시행규칙 제 78조 및 제 108조에 따른 정기검사 또는 검사 유효기간 연장신청을 해야 한다. 그리고 일시 수출입된 차량이 일시 반출된 지역에서 사고, 도난, 화재 등의 사유로 인해 한국으로의 반입이 불가능한 경우에는 여행자는 입국한 날로부터 15일 이내에 등록관청에 자동차 말소등록 신청을 해야 한다. 필요한 서류는 해당 지역의 재외공관장이 발급한 교통사고 등의 사실증명서와 세관장이 발급한 수입 미필 증명서류다.

자동차 해상 선적

자동차를 화물선에 실어 보낼 때는 해상운송과 수출입통관에 따르는 복잡한 절차와 적지 않은 비용이 발생한다.

해상운송에는 차량 적재 방식에 따라 두 타입이 존재한다.

첫째, Ro-Ro방식으로 Roll-On Roll-Off의 약어다. 화물선의 Shore Ramp를 이용해 자동차를 자주식으로 싣고 내린다. 운송비용이 다소 저렴한 반면, 차량의 내부 도난에 취약하고 선편이 적은 것이 단점이다.

둘째, Lo-Lo방식으로 Lift-On Lift-Off의 약어다. 컨테이너 적재 방식으로 안전한 수송에는 적합하지만, RO-RO에 비해 비용이 다소 증가한다.

자동차는 FCL, 즉 Full Container Load 방식으로 통상 20피트 컨테이너에 단독 또는 40피트 컨테이너에 2대를 싣는다. 바이크는 LCL, 즉 Less than Container Load 방식으로 다른 화주의 화물과 함께 하나의 컨테이너를 구성한다.

해상운송의 비용은 어떻게 산정될까? 자동차를 운반하는 해상운송의 조건은 대부분 CFR이다. Cost and Freight의 약어로 쓰이며 한국말로는 운임포함 인도 조건을 말한다. CFR은

Vessel에 자동차를 선적하고 목적항까지의 해상 운임을 부담하는 것인데 여기에는 출발항에서의 수출 통관의 비용을 통상 포함한다. 즉, 목적항에서의 컨테이너 하역과 보관, 수입통관에 대한 비용은 포함되어 있지 않다.

Vessel이 목적지 항구에 도착하면 Ro-Ro로 운송된 자동차는 보세창고로 이동되어 차량 통관절차에 들어간다. 그리고 컨테이너는 갠트리 크레인에 의해 하역되어 컨테이너 운반 트럭으로 적치장으로 이동하게 된다. 적치장 이동 후에는 보세창고로 옮겨져 컨테이너를 개방하고 차를 꺼낸 후 통관절차에 들어간다. Ro-Ro와 Lo-Lo방식은 수출과 수입의 방법과 절차에 있어 대동소이하다.

어느 나라의 항구로 들어갈 것인가? 목적지의 항구를 선정하려면 상대국의 관세정책을 알아야 한다. 즉 일시 반입된 차량에 대한 무관세입국이 가능한지를 파악해야 한다. 육로로 국경을 통과하거나 카페리로 운전자와 함께 이동하는 자동차는 교통수단으로 간주된다. 반면에 화물선으로 운반된 자동차는 수출 수입품으로 간주되어 통관절차가 상이하게 진행된다는 것을 알아야 한다.

우선 목적지가 제네바 협약과 차량의 일시수입에 관한 관세 협약에 가입된 나라인지 여부를 확인하자. 일시 수출입을 허용하지 않는 국가에서는 입국을 거절당하거나, 중고차 관세를 부과받거나, 관세에 해당하는 금액을 세관에 납부하고 출국 시에 돌려받을 가능성이 있다.

그리고 목적항의 국가를 복수로 결정하고 어느 나라가 통관 비용이 적게 드는지를 살펴야 한다. 해당 국가에 소재하는 포워딩 회사^{Forwarding Company}에 이메일을 보내 비교 견적을 해보자. 통상 이메일에 대한 답변에 상당히 소극적이므로 충분한 시간을 가지고 다수의 업체와 접촉해야 한다. 아메리카 대륙으로 자동차를 해상운송하려면 브라질, 칠레, 우루과이, 아르헨티나로 보내는 경우가 일반적이다. 아르헨티나와 브라질은 고액의 통관 비용이 요구되는 나라다. 그럼 남은 두 국가는 우루과이와 칠레다.

 ## 내비게이션은 어떤 것을 써야 하나?

자동차 여행에서 내비게이션의 중요성은 아무리 강조해도 지나치지 않는다. 한국은 작고 인구 밀도가 높아 어디를 가나 사람이 있고 그물망 같은 길이 깔려있다. 반면 시베리아에서는 온종일 한 사람도 마주치지 않는 날도 있다. 또 몽골 초원에서는 종일토록 차량 한두 대만 마주치는 때도 있다. 값비싼 해외 로밍서비스를 가입하고 떠나는 여행자는 극히 드물다. 통상 와이파이를 이용하거나, 유심을 구입해 사용하는 것이 일반적이다. 좁은 땅을 가진 한국과 달리 데이터 로밍이 펑펑 터지는 나라는 세계 어디서도 찾기 힘들다.

비싼 돈을 들인 데이터 로밍으로 지원되는 내비게이션 사용에는 한계가 있기에 자동차 여행자는 인공위성에 의해 제공되는 내비게이션을 선호한다. 자동차 여행자가 범용하는 내비게이션은 GPS위성에 의해 무료로 위치서비스가 제공되는 맵스미[Maps.me]다. 러시아를 거쳐 몽골, 카자흐스탄, 키르기스스탄, 타지키스탄을 지나 핀란드와 노르웨이, 스웨덴까지 Maps.me에 의존해 목적지를 찾아 달렸다.

유럽에서는 Maps.me로는 부족했다. 대도시의 복잡한 도로나 분기점에서 진행 차선에 대한 상세 안내가 부실해 엄청난 거리를 돌아다녀야 했다. 또 좋은 길을 두고 엉뚱한 길을 안내함으로써 많은 거리와 시간을 허비하는 등의 문제가 발생했다. 유럽에서부터는 유료서비스인 Sygic을 구입해 Maps.me와 혼용했다. Maps.me를 계속 사용한 것은 저장된 데이터의 양이 많아 숙소와 주유소를 찾는 등의 기능이 우수했기 때문이다. 내비게이션을 이용하는 자동차가 거의 없는 아프리카에서는 데이터 부족으로 인해 만족할 만한 지리정보를 얻기 힘들어 Maps.me와 Google.map을 사전에 다운로드 받아 오프라인에서 사용했다.

황열병 예방접종을 하자

황열병은 아프리카와 남아메리카 지역에서 유행하는 바이러스에 의한 출혈열이다. 모기의 침 속에 있는 아르보 바이러스[Arbo Virus]가 인체 내 혈액으로 침투해 황열병을 일으킨다. 증상으로는 발열, 근육통, 오한, 두통, 식욕 상실, 구역, 구토 등을 유발하며 심하면 황달, 복통, 급성신부전을 일으키고 독성기로 접어든 환자의 절반은 14일 이내에 사망하는 무서운 풍토병이다. 미국 언론사에서 인류에게 가장 위협이 되는 무서운 생물이 무엇인지 순위를 매겨 발표했는데, 몸무게가 약 3㎎에 불과한 모기가 1위를 차지했다. 1880년대 파나마 운하 굴착권을 미국에 앞서 획득한 프랑스가 운하 건설을 포기한 배경에는 말라리아에 걸려 숨진 2만여 명의 인부들이 한 몫을 차지했다.

아프리카와 남미를 여행하려면 황열병 예방접종을 하고 그 증서를 소지해야 한다. 황열병 백신의 접종으로 인해 95% 정도는 1주일 이내에 예방효과가 나타나고, 한 번의 접종으로 그 효과가 지속된다. 질병관리청 홈페이지를 검색하면 국가별 감염병 예방정보와 예방접종 기관 등에 대한 자세한 안내를 받을 수 있다.

• 한국에서 러시아로 가는 카페리 항로

2019년 하반기부터 동해시와 러시아를 오가던 DBS크루즈 여객이 큰 폭으로 감소했다. 일본 돗토리현을 출발해 한국 동해시를 거쳐 러시아 블라디보스토크를 운항하던 해운회사는 한국인의 탑승 감소로 2019년 12월, 여객선사 면허를 반납하고 문을 닫았다.

2020년 4월, 해운회사 두원상선은 여객선사 면허를 반납한 DBS 크루즈페리로부터 이스턴 드림호를 인수해 포항을 모항으로 하는 항로 변경을 신청했다. 두원상선은 1만 1,500톤급의 카페리 이스턴 드림호를 투입해 포항의 영일만항과 러시아 블라디보스토크, 일본 교토 마이즈루항을 연결하는 신설항로를 개설하고, 9월 11일 러시아 블라디보스토크로 가는 첫 운항을 개시했다.

2021년 2월, 두원상선은 취항 5개월만에 적자 누적과 포항시와 경북도의 지원이 늦어지면서 폐업을 선택했다. 그리고 강원도와 동해시의 지원조례가 제정되어 있는 동해항으로 모항을 옮겼으니 제 자리로 다시 돌아온 것이다.

그리고 2021년 3월 3일 첫 항해를 다시 시작한 이스턴 드림호는 동해시와 러시아 블라디보스토크, 일본 마이즈루항을 주 1회 오간다. 평균속력 20노트로 운항하며 여객 480명과 컨테이너 130TEU, 자동차 250대, 중장비 50대를 싣는다.

• 파미르 고원으로 가는 길

파미르 고원은 유라시아 대륙의 중앙부에 위치하며 '세계의 지붕'이라고 부른다. 쿤룬, 톈산, 카라코람, 힌두쿠시산맥 등 높은 고산지대가 모여 생겨난 고원이다. 타지키스탄, 키르기스스탄, 아프가니스탄, 파키스탄, 중국 등 5개국에 걸쳤으나 좁은 의미로는 타지키스탄을 말한다. 고원의 주변으로는 Ismoil Peak, Communism Peak, Stalin Peak, Pik Lenina 등 해발 7,000m 넘는 고봉이 즐비하다. 산의 이름이 스탈린이나 레닌, 공산주의로 불리는 것은 타지키스탄이 1991년까지 구소련을 구성한 연방 공화국이었기 때문이다.

파미르 고원의 작은 마을 무르갑Murghab에서는 중국, 키르기스스탄으로 가는 도로가 연결된다. 자동차 여행자는 통상 타지키스탄의 수도 두산베를 기점으로 파미르 고원을 들러 키르기스스탄의 오시로 향한다. 세계의 지붕을 오르는 만큼 여행자는 4800m급의 패스를 여러 차례 넘어야 한다. 가는 길은 험해도 고봉이 보여주는 빼어난 경치에 홀려 고산 증세를 느낄 새가 없다.

• 몽골 Northern Route

노던 루트는 수도 울란바토르로부터 1,700㎞ 연장을 가진 동서 횡단 도로로 꼭 달려야 할 천상의 도로다. 노던 루트의 끝에서는 러시아 바르나울Barnaul이나 고비사막으로 연결된다. 유럽의 오버랜더들은 때 묻지 않은 자연경관과 전통을 고수하는 사람들이 사는 마을을 달리며 이 길을 노던 루트라고 이름지었다.

홉스골 호수로 연결되는 무릉까지 포장도로이고, 나머지 약 1,000㎞는 비포장이다. 무릉에서부터 진정한 노던루트가 시작된다. 우측으로는 러시아의 알타이산맥이 노던루트를 따라 끝까지 펼쳐진다. 러시아로부터 카자흐스탄으로 내려온 우랄산맥이 앞의 시야를 가리지만 멀리 1000㎞ 밖의 산이다.

노던루트는 세계 3대 산맥 사이를 지나는 길이다. 정해진 길이 없이 달리면 그곳이 바로 길이다. 몽골인이 전통적으로 지켜온 삶과 때 묻지 않은 자연을 들여다볼 수 있는 꿈과 환상의 도로다. 울란곰Ulaangom을 지나며 더 험한 노던루트를 달려가야 한다.

1 러시아
2 몽골-러시아
3 카자흐스탄
4 키르기스스탄
5 타지키스탄-키르기스스탄-
   러시아
6 핀란드
7 노르웨이

8 스웨덴
9 에스토니아
10 라트비아
11 리투아니아
12 폴란드
13 체코
14 슬로바키아
15 헝가리

16 슬로베니아
17 크로아티아
18 보스니아
19 몬테니그로
20 알바니아
21 코소보
22 북마케도니아-그리스
23 불가리아

유럽 여행 노선도

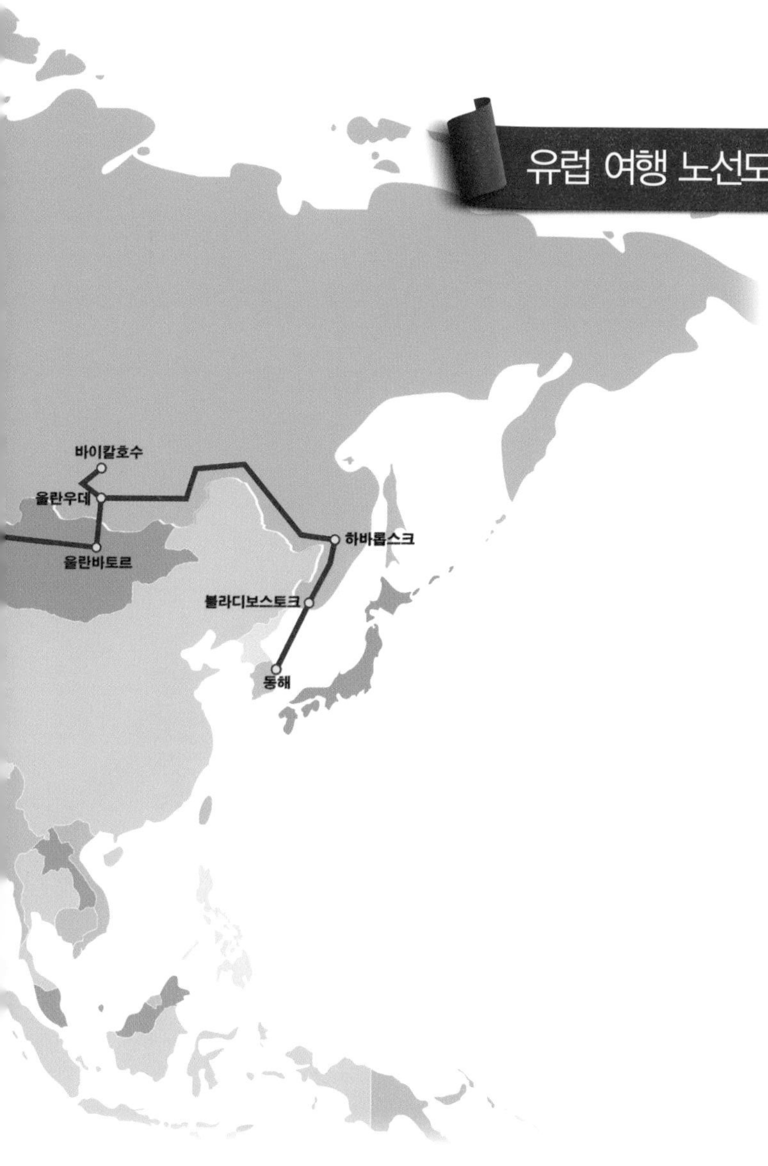
바이칼호수
울란우데
울란바토르
하바롭스크
블라디보스토크
동해

㉔ 루마니아
㉕ 세르비아–보스니아
㉖ 오스트리아–독일
㉗ 덴마크–페로섬
㉘ 아이슬란드–덴마크
㉙ 독일–오스트리아
㉚ 리히텐슈타인
㉛ 스위스–이탈리아
㉜ 프랑스
㉝ 영국
㉞ 아일랜드–프랑스
㉟ 벨기에
㊱ 네덜란드
㊲ 룩셈부르크–독일–프랑스
㊳ 스페인
㊴ 포르투갈–스페인
㊵ 모로코–스페인
㊶ 안도라–프랑스
㊷ 모나코
㊸ 이탈리아
㊹ 바티칸
㊺ 산마리노
㊻ 몰타–이탈리아–알바니아
㊼ 그리스

유라시아
횡단

| 내 차로 가는 유럽여행 |

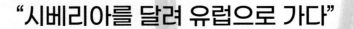

"시베리아를 달려 유럽으로 가다"

• 러시아 •

블라디보스토크에서 상트페테르부르크까지 한 달여, 두만강가에서 '눈물 젖은 두만강'을 목 놓아 부르다가 러시아 국경수비대에게 잡혀 군부대로 끌려갔다. 연해주에서는 최재형 선생과 안중근 의사를 만나 뵙고, 시베리아 횡단 철도를 따라 툰드라 벌판과 자작나무숲 길을 지나 모스크바를 거쳐 상트페테르부르크까지 내처 달렸다.

🚗 유라시아 대륙 횡단 대장정의 출발점, 블라디보스토크

자동차 여행의 시작, 블라디보스토크 항에 도착했다. 가는 날이 장날이라고, 러시아의 노동절과 전승절이 겹쳤다. 공무원들이 휴가를 떠나 사흘 후에야 자동차를 통관했다. 카페리로 도착한 자동차 통관은 당일에 이루어지는 것이 일반적이지만, 러시아는 그런 나라가 아니었다.

블라디보스토크에서 남쪽으로 270㎞ 떨어진 하산Khasan으로 향했다. 두만강 물길 따라 북한, 중국, 러시아 국경이 만나는 국경도시. 하산은 도시라기보다는 마을에 가까웠다. 거리는 조용했고 간간이 눈에 띄는 사람은 군인과 가족이다. 작은 도시임에도 철도역은 꽤 규모가 있으며, 앞에 놓인 두만강 철교를 건너면 바로 북한이다. 하산 역을 좌측으로 끼고 비포장 외길을 달려가니 막다른 길이다.

갑자기 러시아 국경수비대원 20여 명이 군견을 데리고 나와 차를 에워싸고 총을 들이대며 내리라고 한다. 러시아와 북한의 접경지역으로 민간인 통제 구역이었

하산승전기념비.

다. 잠시 후 상급부대에서 나온 장교를 따라 사령부로 연행돼 3시간여 조사를 받았다.

그리고 경고장을 받고 밤늦은 시간에 추방됐다. 국민가수 김정구 선생이 불렀던 〈눈물 젖은 두만강〉이 생각났다. 역사를 거슬러 오르면 하산도 우리 땅인데, 발 딛기조차 힘들게 된 현실이 안타까웠다.

북동쪽으로 40㎞ 떨어진 크라스키노Kraskino로 향한다. 북한 나선지구에 근접한 이곳은 조선의 운명이 풍전등화와 같던 1863년에 빈곤과 기아에 허덕이던 함경도 지방의 13가구가 이주한 최초의 한인 정착지다. 시내 뒷산에 우뚝 서 있는 하산 승전기념비는 일제 강점기에 러시아가 일본군과의 전투에서 승리한 것을 기념하는 탑이다. 동산에 오르니 저 아래로 한인들의 최초정착지가 보인다. 이후 연해주로 이주한 한인들은 블라디보스토크와 우수리스크를 중심으로 커다란 한인 사회를 이뤘다. 러시아어로 카레이스키라고 불리는 한인들은 자신을 고려인이라고 한다. 연해주는 항일 무장 독립운동의 근거지로서 중요한 역할을 했다.

크라스키노에서 남쪽으로 10여㎞ 떨어진 189번 국도 옆에 안중근 의사의 단지 동맹비가 있다. 안중근 의사와 11인의 동지는 크라스키노에 모여 손가락을 자르는 단지동맹을 결성하고 일제에 항거했다. 안중근 의사는 1909년 인근의 포시예트Posyet 항구에서 배를 타고

▲ 단지 동맹 기념비

하얼빈으로 가는 장도에 올랐다. 그리고 1909년 10월 26일 하얼빈역에서 여섯 발의 총성이 하늘을 울렸다. 총을 쏜 사람은 의사 안중근, 총을 맞고 쓰러진 사람은 침략의 원흉 이토 히로부미와 일본 관리였다. 이토 히로부미는 3발의 총탄을 맞고 병원으로 옮겼으나 결국 숨을 거뒀다. 우수리스크^{Ussuriysk}는 카레이스키가 가장 많이 거주하는 도시다. 한인 이주역사를 생생하게 전해주는 고려인 문화센터는 연해주의 독립운동사를 높게 평가한 한국 정부에서 재정을 지원한다.

🚗 카레이스키의 도시, 우수리스크

우수리스크에는 연해주의 독립운동사에 있어 빠질 수 없는 최재형 선생의 생가가 있다. 사업가, 독립운동가로서 독립군의 활동을 재정적으로 후원하고 항일투쟁의 선봉에 섰던 분으로 1920년 일본에 체포되어 즉결 처형되었다.

▲ 이상설 선생 유허비

도시 외곽에는 이상설 선생의 유허비가 있다. 1907년 고종의 지시에 따라 네덜란드 헤이그에서 열린 만국평화회의에 이준, 이위종과 함께 대한제국 대표로 참가했으며, 침략당한 조국을 떠나 연해주에서 독립운동을 하며 여생을

▲ 라즈돌리노예 역

바쳤다.

1937년 7월, 중일전쟁이 일어나며 연해주에 검은 먹구름이 끼기 시작했다. 중국과 러시아가 상호 불가침조약을 체결했으며, 1937년 9월 스탈린은 소수민족 분리·말살 정책으로 연해주의 한인사회를 붕괴시켰다. 한인과 일본인은 얼굴을 구별할 수 없어 일본인 첩자를 찾아낼 수 없다는 황당한 이유였다.

연해주에 살던 17만 5,000여 명의 고려인은 라즈돌리노예 역에서 강제로 화물열차에 실려 6,000여km 떨어진 중앙아시아로 강제 이주됐다. 그들은 모든 것을 빼앗기고 어디로 가는지조차 모른 채 불안, 공포, 두려움으로 몸서리쳐야 했다. 역광장에 서니 시베리아의 찬바람만큼이나 가슴이 시리다.

시베리아 횡단도로

하바롭스크Khabarovsk, 과거 발해의 영토였다. 668년 고구려가 나당연합군에게 멸망하자, 이 일대는 어디에도 속하지 않은 힘의 공백지대로 남았다. 고구려인 대조영은 고구려의 옛 영토를 회복하여 698년 발해를 건국했다. 15대 왕 230년간 지속된 발해의 역사는 925년 12월 야율아보기의 침략으로 막을 내렸다. 말없이 흐르는 아무르 강은 이 땅의 옛 주인이 발해라는 사실을 알 것이다. 중국은 동북공정을 통해 발해를 자기네 민족인 말갈이 세웠다고 주장한다. 러시아는 1860년 중국과의 패권 다툼을 통해 이곳을 차지했다.

🚗 시베리아 횡단 도로 위의 나그네

세계에서 가장 큰 국토를 가진 러시아. 미국이나 중국보다 1.7배나 큰 17,098,250㎢의 땅이다. 시베리아 횡단 열차는 블라디보스토크 역을 출발해 모스크바 역까지 장장 9,228㎞의 철길을 달린다.

우리는 그 철길과 나란히 달리며 만나고 헤어짐을 반복하는 시베리아 횡단 도로를 따라 모스크바를 지나 상트페테르부르크까지 9,950㎞를 횡단했다. 블라디보스토크를 출발한 횡단 도로는 극동부 최대 도시 하바롭스크를 경유하여 시베리아를 동서로 횡단한다. 그리고 모스크바를 거쳐 상트페테르부르크까지 이어지는데, 우랄산맥까지 달리는 8,400㎞가 시베리아다. 수천 ㎞의 툰드라 지대를 지나고 또 그만큼의 자작나무 숲길을 달려가야 한다.

시베리아 횡단열차

자작나무 숲길

툰드라지대와 자작나무 숲 사이를 달려 모스크바로 가는 길이 시베리아 횡단 도로다.

자작나무는 러시아를 상징한다. 소박한 농촌의 자연세계를 넘치는 서정으로 동경하고 예찬하며, 짧은 인생을 불꽃처럼 살다 간 러시아의 농촌 시인 예세닌 Esenin은 그의 시 「자작나무」에서 눈에 덮여 겨울 햇살에 은빛으로 반짝이고, 잠든 듯한 고요 속에 황금빛 석양 아래 서 있는 자작나무를 노래했다. 차창 밖에는 연중 눈과 얼음으로 덮인 동토가 펼쳐 지나가며, 이따금 모습을 드러낸 마을은 허름하고, 누추하며, 스산하고, 생소했다.

시베리아 횡단 도로는 왕복 2차선의 외길로, 좌고우면하지 않는 경주마처럼 앞만 보고 달려야 하는 길이다. 이곳을 횡단하며 가장 어려웠던 일은 하룻밤 묵어 갈 도시가 원하는 곳에 없는 것이다. 모고차Mogocha는 벨로고르스크Belogorsk로부터 880㎞ 떨어진 도시다. 날이 저문 저녁 8시 즈음, 어렵사리 찾은 호텔은 귀신이라도 나올 듯이 으스스했다. 아침에 살아나올 것 같지 않은 그곳을 피해 다른 곳을 찾기로 했다. 그런 결정을 한 후에는 서울에서 대전까지 만큼의 거리를 다시 달려야 하는 곳이 시베리아다. 도시는 그렇게 이따금씩 나타났다.

벨로고르스크에서 치타Chita까지는 여행자에게 공포의 구간으로 알려져 있다. 2011년 일본의 모터사이클 라이더가 모고차 인근의 숲에서 야영 중 어설픈 강도 짓을 일삼던 동네 양아치에게 무참히 살해됐다. 더 오래 전에는 독일인 라이더가 강도의 총에 맞아 숨지는 불행한 사고도 있었다.

치타에 도착했다. 인구 및 도시면적이 우리나라 여수시와 비슷하다. 퇴근 무렵에는 교통체증도 있고 북적북적한 게 제법 도시다운 면모를 보인다, 러시아는 영어가 통하지 않는 나라. 세계 강대국을 자부하며 사회주의 이데올로기의 한 축을 이끈 러시아는 그들의

▲ 러시아 교통 경찰

자부심만큼이나 영어를 사용하는 데 있어 인색하다. 그래서 영어가 불통인 러시아 여행은 여행자의 감성을 더욱 풍성하게 한다. 손짓과 몸짓, 표정으로 의사를 전달해야 하기 때문이다. 자식을 사랑하면 여행을 보내라는 격언에 영어를 가르쳐 보내라는 말은 없다. 여행에서 언어란 사치스러운 수사에 불과하다.

🚗 지구상 가장 깊은 오지, 가장 깨끗한 물, 바이칼 호수

시베리아 횡단은 자동차 운전자에게 그리 호의적이지 않았다. 서울에서 부산까지의 거리를 달려도 큰 도시가 나오지 않았다. 아스팔트 포장도로는 롤러코스터를 타듯이 롤링이 심하고 파손된 부위가 많았다. 비포장도로는 인내심을 시험하듯 거칠고 지루하게 길었다. 추운 한대지방으로 적설량이 많고 보수공사가 제때 이뤄지지 않아 포장 상태가 불량했다. 아스팔트 도로는 침하되어 차량 하체가 닿

을 정도였고, 도처에 산재한 포트홀로 인해 곡예 운전을 했다. 특히 교량 전후로는 단차가 심해 감속하지 않으면 간담 서늘하게 공중부양을 해야 했다. 어쨌든지 시베리아 횡단은 즐겁고 보람찬 일이다. 탁 트인 세상을 달리며 삶의 깊이와 폭이 더 넓고 깊어지기에 그렇다. 시베리아의 소도시는 아주 작았다. 간선 도로는 비포장이고 시내는 조용했다. 이따금 지나치는 사람들은 경계의 눈빛으로 여행자를 바라보았다.

다음 도착지는 울란우데Ulan-ude, 시베리아 횡단 열차와 몽골 횡단 열차의 교차점에 있는 인구 40만 명의 도시다. 몽골족의 후손인 브리야트 족의 자치공화국으로 우리와 생김새가 비슷한 사람들이 사는 도시다. 시베리아를 횡단해 울란우데에 도착하기까지 인구 10만 명이 넘는 도시는 블라디보스토크, 우수리스크, 하바

▲ 울란우데

바이칼 호수 선착장, Ferry Olkhon

바이칼 호수

롭스크, 치타, 울란우데다. 대도시는 500㎞나 멀리 떨어져 있고 소도시와 마을이 그 사이로 드문드문 보이는 외로운 길이 시베리아 횡단 도로다.

바이칼 호수를 가려면 이르쿠츠크에서 지방도를 따라 동쪽으로 가야 한다. 고약한 비포장 길을 피해 들판과 산으로 내키는 대로 내달렸다.

'시베리아의 푸른 눈'으로 불리는 푸르고 넓은 바이칼 호수의 끝으로는 십장생의 산수화가 병풍처럼 호수를 감싼다. 지구상에서 가장 깨끗한 바이칼 호수에 몸을 담그면 장수한다는 말에 현혹되어 물속에 들어갔다가 얼어죽을 뻔했다.

시베리아의 5월, 야생화와 자작나무는 푸른 싹을 피웠지만, 겨울은 미처 떠날 채비가 안 됐다. 지난 겨울의 흔적이 사라지기도 전에 다가올 겨울이 그 위를 덮을 것이다.

바르나울Barnaul에 도착했다. 알타이의 주도로 인구 60만 명의 대도시다. 서쪽으로 갈수록 자연풍경과 도시 형태가 변했다. 도시가 커지고, 도로 사정이 좋아졌으며, 집과 건물도 높고 화려해졌다.

도시 카잔Kazan은 볼가강 중류에 있는 타타르 공화국의 수도다. 러시아의 정식명칭은 러시아 연방Russia Federation이며, 21개의 자치공화국으로 구성된 다민족, 다종교 국가다. 블라디미르Vladmir를 거쳐 정북 방향으로 25㎞ 올라가면 천년고도의 중세도시 수즈달Suzdal이 나온다. 16세기경 지어진 성 에우티미우스 수도원은 도시를 대표하는 건축물이다. 수도원을 둘러싼 붉은 성벽과 타워는 적의 공격을 방어하는 수성의 용도로 쓰였다. 16세기 중반까지 러시아 영토는 딱 여기까지였다.

1554년 러시아 황제 이반 4세는 우랄산맥을 넘어 서시베리아의 카잔 정복에 나섰다. 이후 이민족들의 별다른 저항 없이 속전속결로 이뤄진 영토 확장은 시베리아를 넘어 미국에 팔아버린 알래스카까지 도달했다. 그리고 러시아는 세계에서 가장 영토가 넓은 나라가 되었다.

▲ 16세기, 이반 4세의 영토 확장은 시베리아를 거쳐 알래스카에까지 이르렀다.

🚗 시베리아 횡단 도로의 끝, 러시아 수도 모스크바

수도 모스크바로 들어왔다. 붉은 광장은 붉지 않았다. 《자본론》을 통한 칼 마르크스의 혁명적 사회주의 사상은 레닌에 의해 계승·발전되었다. 스탈린은 존경하지 않아도 레닌에 대한 러시아인의 애정이 대단한 까닭은 소비에트 사회주의

▲ 성 바실리 성당

공화국의 틀이 그에 의해 만들어졌기 때문이다.

붉은 광장에 있는 성 바실리 성당은 황제 이반 4세의 전승을 기념해 봉헌한 성당이다. 8각형의 첨탑을 중심으로 9개의 탑을 세워 만든 유니크한 건물이다. 탑 위로는 서로 다른 의장을 한 양파 모양의 포퓰라가 있고, 외부는 다채롭고 화려하게 채색되었다.

볼쇼이극장의 투어 프로그램에서 현지 가이드는 미국인 관광객에게 "볼쇼이극장은 너희 나라가 생길 때 만들어졌다."라며 미국인의 기를 꺾었다. 러시아의 문화, 예술에 대한 자부와 긍지가 얼마나 높은지 엿볼 수 있는 대목이다.

▲ 볼쇼이극장

다음으로 대문호 톨스토이가 대표작 《부활》을 집필한 저택과 차이콥스키 국립 음악원을 찾았다. 다운타운이자 길거리 예술의 성지인 아르바트Arbat거리에는 한 국계 록 가수 빅토르 최의 죽음을 애도하는 추모벽이 있다. 전설적인 록스타이자 국민가수인 밴드 키노의 싱어 빅토르 최를 기리는 추모벽 앞에는 지금도 무명의 뮤지션들이 28세의 젊은 나이에 교통사고로 요절한 그를 기리며 기타를 치며 노래를 부른다. 1990년 빅토르 최의 비보를 전해 들은 소련 전역은 비통함에 빠졌고 그를 따라 투신자살한 사람이 5명에 이르렀다.

▲ 톨스토이 생가

시베리아를 횡단하는 9,228㎞의 여정은 수도 모스크바 역에서 끝나지만 자동차 여행은 상트페테르부르크까지 이어진다. 러시아가 아시아이기를 바랬던 유럽과 유럽이 되기를 원했던 러시아의 스토리를 상트페테르부르크에서 들을 수 있다.

▲ 빅토르 최의 추모벽

스웨덴 전쟁에서 승리한 표트르 대제는 네덜란드 암스테르담을 벤치마킹한 상트페테르부르크를 건설하고 1712년 수도를 이 도시로 옮겼다. 유럽 문명을 들이기 위해 표트르 대제로부터 예카테리나 3세 여제, 알렉산드르 왕이 기울인 노력은 그야말로 눈물겹다.

이들은 프랑스와 이탈리아의 건축가와 예술가를 동원해 상트페테르부르크를 유럽의 어떤 도시 못지않게 훌륭한 도시로 건설했다.

▲ 에르미타주 박물관

제일 먼저 찾은 에르미타주Herimitage 박
물관의 소장품은 대부분이 예카테리나
대제의 컬렉션이다. 레오나르도 다빈치
의 〈마돈나 리타〉, 렘브란트의 〈돌아온
탕자〉, 그리고 루벤스의 〈바쿠스〉와 같
은 명작이 전시되어 있다.

▲ 렘브란트 작 '돌아온 탕자'

'돈 많은 노파의 물건을 훔쳐 가난한
이에게 나누어 주었다면 이것은 비판받
아야 하나? 아니면 칭찬받아야 하나?'
사회주의에 심취한 도스토옙스키는 가
난하게 사는 사람들의 모습을 있는 그
대로 글로 옮기는 한편으로 인간 내면을
통해 사회가 가진 모순을 드러내고자 노
력했다.

▲ 러시아 대문호 도스토옙스키

🚗 '삶이 그대를 속일지라도 슬퍼하거나 노하지 마라.'

1816년 문을 연 문학 카페 입구 쪽에서 국민시인 푸시킨을 만났다. 풍부한 감성을 시로 표현한 푸시킨에 대한 러시아인의 존경과 사랑은 끝을 모른다. 푸시킨은 바람둥이이자 희대의 난봉꾼이었다. 푸시킨은 자신의 아내와 바람을 피운다고

▲ 푸쉬킨 밀랍인형

생각한 단테스와 결투를 벌였다. 결국 푸시킨은 단테스의 총에 맞아 생을 마감했는데, 당시 나이 37세다. 사랑과 명예를 지키기 위한 결투 끝에 세상을 등진 푸시킨. "연애란 스스로 고뇌하든지, 타인을 괴롭히든지 둘 중의 하나다.", "어느 편도 아닌 연애라는 것은 존재하지 않는다."라는 자신의 말을 몸소 실천했다.

상트페테르부르크에서 활발한 작곡 활동을 한 차이콥스키도 이곳에서 사망했다. 대부호의 미망인이었던 차이콥스키의 아내는 그의 재능을 인정하여 편지로만 부부의 인연을 이어가며 후원했다.

시베리아를 자동차로 여행하며 여러 곳을 들렀다. 결과는 복불복(福不福). 좋다고 해서 찾았지만 실망스러운 적이 한두 번이 아니었고, 기대하지 않고 들른 곳에서 뜻밖의 감동을 받았다. 여행자는 이곳저곳 가리지 말고, 시간 나는 대로, 체력되는 대로 두루두루 다녀야 한다. 조개 속의 진주와 같은 곳이 어디에 숨어 있을지 직접 경험해 보지 않으면 모르는 일이다.

한 달 넘게 러시아를 횡단하며 무엇이 이 나라를 강한 나라로 만들었나를 생

▲ '유럽으로 열린 창', 상트페테르부르크

각했다. 세계에서 가장 넓은 영토와 풍부한 천연자원을 가진 나라, 냉전 시대의 한 축을 이끈 근현대사의 주역이자 강대국, 찬란한 문화 예술을 꽃피운 나라, 핵을 보유한 군사 대국이자 유엔 상임이사국. 우리가 가지지 못한 것을 많이 가진 나라가 러시아다.

중앙아시아 초원을 지나 파미르 고원

•몽골, 카자흐스탄, 키르기스스탄, 타지키스탄•

홉스골에서 노던루트를 따라 몽골을 횡단하고, 카자흐스탄의 스텝 위로 가득 피어난 야생화 군락을 본다. '중앙아시아의 스위스' 키르기스스탄의 깊은 협곡과 산에서 갈 길을 잃었다. '세계의 지붕' 파미르 고원에 오르니 온 세상이 우리 것이었다.

몽골 여행은 러시아 울란우데에서 시작된다. 5월에 들어서고 보름이 지났건만 국경으로 가는 길 위로 함박눈이 펑펑 내렸다. 러시아와 몽골국경의 입출국 수속은 복잡하기 이를 데 없었다. 짐을 모두 내려 검사하고 보닛 안과 차체 하부까지 살폈다. 러시아와 몽골의 출입국심사를 마치는데 꼬박 3시간이 걸렸다. 이제 몽골이다. 파란 하늘 아래로 끝없이 펼쳐진 초원 위로 유유자적 방목되는 가축이 눈에 든다.

몽골은 지구상에 몇 남지 않은 정통 유목국가다. 국토 대부분이 목초지로 목축업이 주된 산업이다. 그리고 경작 가능한 초지는 전체 농경 면적의 1% 미만에 불과하다.

🚗 몽골을 대표하는 테렐지 국립공원과 홉스골 호수

수도 울란바토르에 도착했다. 전체 인구 320만여 명 중 대략 40%의 인구가 모여 사는 울란바토르는 시끄럽고, 북적이고, 혼란스럽다. 교통질서는 엉망이고 사방에서 울리는 경적에 귀가 얼얼하여 정신까지 혼미했다. 차량 5부제를 시행하지만 도심의 혼잡은 말할 수 없다. 테렐지 국립공원을 가기 위해 울란바토르 시내

테렐지 국립공원

를 벗어나는 데 2시간이 소요됐다. 도중에 목격한 차량 접촉사고만도 다섯 건이다. 테렐지 국립공원은 유네스코 세계문화유산으로 등재된 몽골의 대표적 관광지로 자연경관이 아름다워 관광객의 발길이 끊이지 않는다. 커다란 바위와 깎아지른 높은 절벽이 장관을 이루고 기암괴석, 숲, 초원이 푸른 하늘과 어울려 목가적인 시골 경치를 뽐낸다.

에코투어리즘Ecotourism을 추구하는 몽골, 하지만 갈 길이 멀다. 호스텔, 호텔 등 숙박시설이 부족하고 도로, 항공 등 교통 인프라가 열악하다. 그리고 관광 분야의 인력자원도 수준 미달이다.

몽골이 자랑하는 대표적 휴양지 홉스골 호수로 가려면 므릉을 경유해야 한다. 므릉에서 만난 한국인 사업가는 초원도 매일 보면 지겹다고 한다. 하지만 우리는 몽골 초원의 매력에 한껏 빠져 있었다. 므릉에서 홉스골까지는 북쪽으로 100㎞를 올라가야 한다. 당초 계획은 홉스골로 들어가 둥실둥실 유람선도 타고, 설렁설렁 호수도 돌아보며, 유유자적하게 사흘을 지내다 나올 생각이었다. 하지만 5월 말에도 불구하고 홉스골 호수는 꽁꽁 얼어 있었다. 또 이틀 전에 내린 1m가량의 눈으로 사륜구동 이외는 출입이 불가능했다. 호수의 초입인 하트칼로부터 30㎞ 비

홉스골 들어가는 길

홉스골 호수 전경

포장을 올라가면 장하이다. 이곳으로 오니 과연 홉스골의 진가가 보인다. 상점, 식당, 숙소는 모두 문을 닫았고 관광객은 캠핑카를 끌고 온 유럽인 3팀뿐이다. 6월이 되어서야 얼음이 녹는다고 하니 7월은 되어야 푸른 호수에 발 담그고 맞은편 설산을 쳐다보며 청산유수를 읊을 수 있다는 이야기다. '어머니의 바다'라고 불리는 푸르디푸른 호수 위로 자기 모습을 드리운 설산, 바닥이 보이는 맑은 코발트 빛의 심연을 보면 왜 홉스골이 몽골이 내세우는 친환경 관광의 대표주자인지를 알 수 있다.

🚗 오버랜더의 드림로드, 노던루트를 따라 누빈 몽골의 초원

전 세계의 오버랜더가 달리기를 원하는 꿈의 도로 노던루트^{Northern Route}로 진입하는 날이다. 울란바토르부터 무릉을 거쳐 사가눌^{Tsagaannuur}로 연결되는 동서 횡단도로다. 므릉으로부터 약 930㎞ 구간은 노던루트의 하이라이트다.

이 길을 달리면 몽골의 감춰진 속살이 보인다. 길을 달리며 절묘하고 오묘한 자연의 조화에 몸 둘 바를 몰랐다. 웅장한 자연 앞에서 우리는 한없이 작아지고 겸손함을 배운다. 초원에서 조상 대대로 살아온 주민을 보며 도시인의 삶을 되돌아보았다. 세계에서 가장 넓은 고속도로는 노던루트다. 길은 정해져 있지 않았다.

노던루트

내가 달리면 그곳이 길이 되었다. 산으로 들로 나 있는 수백 개의 바퀴자국을 따라 서쪽으로 서쪽으로 달렸다.

우랄산맥은 지난해 겨울 그대로의 산이다. 지평선을 멀리 보며 들판을 가로질렀다. 1,000㎞ 멀리 떨어진 산도 자기 품 안으로 끌어안는 넉넉한 가슴을 가진 길이 노던루트다. 눈 덮인 설산은 달리는 내내 차창 앞에 있었고, 다가가면 갈수록 산은 그만큼 멀리 달아났다. 노던 루트가 아직도 자연 그대로인 것은 이곳을 달리지 않은 여행자를 위한 기다림과 배려다. 시간과 공간을 넘나드는 이곳에서 우리는 인간이 아니라 자연이 된다. 산은 우리를 불렀고 우리는 미친 듯이 그 품 안으로 뛰어들었다. 죽기 전에 꼭 가봐야 할 천상의 도로다.

바얀 마을을 지나고 나서 150㎞가 넘도록 마을이 보이지 않는다. 길이 험해 속도를 낼 수 없어 어스름한 저녁이 되어서야 할반 마을에 도착했다. 이동 거리가 200㎞니 시간당 25㎞ 거리를 달린 셈이다. 밤이 되자 쌀쌀하다. 민박집 아주머니가 수시로 드나들며 난로에 불쏘시개를 넣어준 덕에 영하로 떨어진 밤 기온에도 춥지 않게 잘 수 있었다.

주인과 의사소통이 되지 않아 주인집 딸이 가져온 몽골어-영어 사전을 가지고 대화했다. 하지만 서로의 의사가 전달되지 않은 적은 없었다. 아침에 일어나니

▲ 게스트하우스

▲ 게스트하우스의 주인 가족

큰딸은 학교에 가고 막내는 오후 2시에 등교한다고 한다. 같은 학교를 오전엔 중·고등학교로 쓰고 오후에는 초등학교로 쓴단다.

다시 노던 루트를 달렸다. 마을 사이가 먼 곳은 200여㎞나 떨어져 있어 주유소가 보이면 반드시

▲ 주유소

급유해야 한다. 마을 초입의 허름한 주유소에 차를 세우면 멀리서 양떼를 돌보던 주인이 말을 타고 달려와 기름을 넣는다.

마을을 빠져나가자 하천이 나왔다. 강이라기엔 좁고 냇물치고는 넓다. 물가에 차를 세우고 심호흡을 해본다. 강물은 보닛을 올라 앞 유리창을 타고 지붕을 넘었다. 스노클도 없이 수심이 깊은 하천을 건너는 것이 얼마나 무식한 일인지를 이때까지 몰랐다. 얼마가지 않아 부서진 다리가 나타난다. 차가 빠지면 사람도 차도 없는 이곳에서 대책이란 있을 수 없다. 다리를 놓아두고 돌아가야 했다.

▲ 스노클은 선택이 아니라 필수

멀리 보이는 마을 투룬, 마을로 들어서자 타이어 공기압 경고등이 떴다. 마을마다 있는 것이 타이어펑크 수리점이다. 얼마 쓰지 않은 타이어인데 사이드월이 부풀었다. 비포장의 충격과 하중 쏠림으로 타이어에 무리가 온 듯하다.

숙박업소를 찾아가니 하나밖에 없는 게스트하우스의 창문 유리는 부서져 비닐을 붙였고, 침대는 꾀죄죄했으며, 주인은 손님에게 무관심했다. 조금 더 달려 도착한 마을 햐르가스에서 여장을 풀었다. 손님 한 명도 없는 귀곡 산장 같은 게스트하우스의 주인은 물 한 동이와 열쇠를 주고는 자기 집으로 곧장 가버렸다.

▲ 물이 귀한 나라

🚗 몽골 대평원의 병풍 알타이산맥, 노던루트의 백미 울란곰에서 울기까지

햐르가스를 출발하고 1시간 지나 빨래판 도로를 만났다. 시속 10㎞ 이상의 속도를 내면 자동차가 분해되고 해체될 지경이다. 타이어의 공기압을 낮추어 운행하면 낫다고 하지만 효과가 얼마나 될지 미지수다. 타이어 공기압을 다시 채우는 것도 여간 귀찮은 일이 아니다. 빨래판 구간은 30여㎞나 지속되었다. 자동차는 요동치고, 핸들은 부들부들 떨며 애간장을 태웠다. 그나마 아름다운 풍경과 청정한 자연을 벗 삼아 달리는 게 위안이 되었다.

울란곰Ulaangom에 이르러 잠시 포장도로가 나타났다. 인구 2만 명의 작은 도시 울란곰에 있는 목욕탕을 찾아 2박 3일 동안 먼지에 찌든 몸과 마음을 깨끗이 씻

▲ 우우레그 호수 전망대

었다. 사흘 만에 해 보는 세수와 목욕이다.

노던루트의 마지막 구간은 울란곰의 정북 30㎞ 지점에서부터 울기 국경으로 이어지는 250㎞ 도로로 노던루트의 백미다. 지금부터는 알타이산맥이 가까워지는 지형이라 산세가 사뭇 다르다. 언덕을 오르니 넓은 평원이다. '몽골이 미래 세대에게 소중하게 남겨줄 문화유산'이라는 표지판이 있다. 한참을 달려 우우레그 호수에 도착하니 내려다보이는 호수의 풍광이 장관이다. 고급 호텔의 최고층 레스토랑의 전망도 이곳을 따라올 수 없다. 몽골 대평원과 카자흐스탄, 그리고 러시아로 이어지는 알타이산맥의 설산이 병풍처럼 펼쳐진다.

노고노르Nogoonnuur라는 작은 마을을 앞에 두고 어둠이 깔리며 비까지 내렸다. 하루를 시작하기에 앞서 길 위에서 타이어 펑크가 없기를 기도한다. 그런 간절한 바람에도 불구하고 시그헴 산을 돌아가는 길에서 펑크가 났다. 하지만 능숙하게 타이어를 교체하고 사가놀로 향했다.

사가놀Tsagaannuur은 울기 국경과 가까운 몽골이지만 주민은 카자흐스탄족이다. 국경이 인접하고 군부대가 있어 1,000여 명의 군인과 가족들이 사는 국경 마을이다.

민박집 주인 역시도 카자흐스탄 사람인데 부대에서 전기 기술자로 근무하는 군무원이다. 카자흐스탄에서 대학을 마친 부인은 나이가 33살임에도 자녀가 벌써 4명이다. 이튿날 아침, 그들 가족과 이별하며 아쉬운 마음에 포옹을 나누며 울기 국경을 넘어 러시아로 향했다. 여행에서의 만남은 영원한 이별로 이어진다.

▲ 민박집 주인가족

▲ App Tashanta, 몽골-러시아 국경

🚗 카레이스키, 가슴 저린 역사와의 조우

러시아에서 카자흐스탄으로 가려면 세메이Semey국경을 통과해야 한다. 내비게이션 맵스미에 세메이를 입력하고 가는 길에 결정적인 실수가 생겼다. 내비는 우리를 세메이 국경이 아니라 근처에 있는 포그라니츠니Pogranichnyy라는 작은 국경으로 안내했다. 두 평 남짓한 국경검문소를 처음 보는지라 시선 차단 필름으로 구획된 또 다른 공간이 있는 것을 알지 못하고 사진을 찍었다. 잠시 후 권총을 찬 군인이 나오더니 구글 번역기를 보여준다. 그 내용은 우리가 국경 규칙을 위반했으니 처벌해야 한다는 것이다.

갑자기 한적한 국경 사무소가 살벌하게 변했다. 그들은 차량의 짐을 샅샅이 검색하고 두만강 국경에서 국경수비대가 발부한 경고장과 두꺼운 겨울옷을 찾아냈다. 국경수비대는 우리를 적색분자 또는 요주의인물, 더 나아가서는 어설픈 테러리스트 정도로 의심하는 듯했다. 러시아어와 한국말은 접점이 없는지라 전혀 의사전달이 되지 않았다. 두 시간쯤 지나 출입국 관리소장이 인근 도시에서 영어 통역사를 데리고 왔다. 그리고 우리를 분리하고 심문을 시작했다. 신상을 물어보고 종교, 당시 발생한 파리 테러와 브뤼셀 테러, 이슬람, 남북정치, 북한과의 관계, 몽골 여행에서 만난 사람, 왜 사계절 옷을 가지고 다니냐는 등 우리로서는 실로 어처구니없는 심문을 한 시간 넘게 받았다.

우여곡절 끝에 들어선 카자흐스탄. 러시아 국경에서 스타일을 완전히 구긴 우리는 의외의 친절한 환대를 받았다. 국경 심사대의 여직원이 러시아 국경에서 영어가 잘 통했느냐고 물어본다. "당신 같은 사람은 없었다."라고 닭살 돋는 멘트를

▲ 러시아 바르나울 가는 국도

▲ 카레이스키 3세

날리니 모든 입국 절차가 일사천리로 돌아갔다. 말 한마디에 천 냥 빚을 갚는다는 우리의 속담, 칭찬은 고래도 춤추게 한다는 아부의 법칙을 실감했다. 자동차보험에 가입하기 위해 국경사무소 앞에 있는 보험사 사무실을 들렀다. 보험사 직원은 자기 부인이 카레이스키인데 사진을 같이 찍으면 안 되겠느냐며 묻는다. 물론 OK다.

1937년 스탈린의 소수민족 말살 정책에 따라 연해주에서 시베리아 횡단 열차에 실려 중앙아시아로 강제 이주한 고려인은 17만 5천 명이다. 그중 9만 5,000명이 카자흐스탄의 황무지에 정착했으며 그들의 후손들이 이 땅에서 살아간다. 그의 부인과 장모는 카레이스키 3세와 2세로 한국어를 전혀 몰랐다.

우리의 손을 꼭 부여잡고 빤히 올려다보는 촉촉한 눈망울을 보니 가슴이 저리도록 아팠다. 고국이 몰라라 했던 강제 이주 1세대는 거의 세상을 등졌다. 20세기 제국주의 열강의 틈바구니에서 시달렸던, 힘없고 가난한 나라를 조국으로 둔 카레이스키는 먼 타국 땅에서 이민족의 삶을 이어가고 있었다. 멀리 사라질 때까지 손을 흔들던 두 카레이스키에게 조국이란 어떤 의미와 존재였을까?

▲ 파여진 도로

옛 수도 알마티로 가는 아스팔트 도로는 포탄 맞은 듯 파였고 수십㎞ 비포장 도로는 길이라기보다 걸레라는 표현에 걸맞았다.

'국가가 국민을 무서워하지 않는 것은 아닌지, 공직자들이 국민을 두려워하지 않는 것은 아닌지, 기업이 사회적 기여를 포기한 것은 아닌지.' 도로를 달려보면 그 나라의 역사, 정치, 경제, 사회, 문화, 관습이 눈에 훤하게 보였다.

🚗 여행자에게 비호감, 중앙아시아 카자흐스탄

알타이산맥은 카자흐스탄에서도 우리와 함께했다. 스텝이라 불리는 대초원은 끝도 없이 넓었고 척박한 땅 위로는 노랗고 빨간 야생화가 지천으로 피었다.

카자흐스탄은 1991년 소비에트 연방이 해체되며 독립했다. 중앙아시아에서는 나름의 위상이 있는 나라로

▲ 스텝지대

민족적 자긍심이 강해 구소련의 붕괴에 가장 앞장섰다.

▲ 카자흐스탄 경찰의 함정단속

카자흐스탄으로 들어와 한 시간도 지나지 않아 교통 경찰을 만났다. 비포장 국도에 스피드건을 가지고 나온 패트롤이 있었다. 실제로 찍은 것인지 아닌지 모르지만, 그들이 내민 스피드건에 찍

힌 속도는 65㎞다, 제한속도가 50㎞라고 하는데 경찰은 범칙금 고지서를 발부하려는 의사가 전혀 없었다. 여권을 손에 쥔 경찰관은 여행자의 생사여탈을 손에 쥔 의기양양한 늑대가 되어 무지막지한 금액을 자신의 호주머니에 찔러줄 것을 노골적으로 요구했다. 우리와 헤어질 때 경찰이 친절하게 이렇게 말했다. "저 앞에 검문소가 있는데, 그곳에서는 썬팅으로 걸릴 수 있다." 갓길에 차를 세우고 컨테이너 트럭이 지나가기를 기다렸다. 20분여 지나 나타난 대형 컨테이너 트럭의 뒤꽁무니에 껌딱지처럼 달라붙어 따라갔다. 목을 빼내어 차창 밖을 보니 멀리 검문소가 보인다. 우리가 곧 지나갈 것이라는 연락을 받은 경찰은 목이 빠지도록 기다리다 잠시 긴장의 끈을 놓았다. 우리는 검문소 앞에서 서행하는 컨테이너 트럭을 과감하게 추월하여 앞으로 나갔다. 뒤늦게 발견한 경찰관이 소리소리 지르며 차 세우라고 난리 치는 모습을 백미러로 보며 내달렸다.

알마티는 카자흐스탄의 옛 수도로 아스타나에 수도의 지위를 넘겼다. 하지만 주요 정부 기관이 모두 이전했음에도 경제 규모와 인구 면에서 여전히 아스타나를 앞서는 제1의 도시다. 처음으로 해야 할 일은 타지키스탄 영사관을 방문해 비자와 파미르 허가증을 받는 것이다. 영사가 본국에 가서 발급이 어려우니 5일 후에 오라는 것을 사정사정해 겨우 비자를 취득했다.

스키 리조트 심블락

길 위에서 우리와 마주친 경찰관은 한 명도 빠짐없이 우리를 세웠다. 맞은편 도로를 달리던 순찰차는 유턴하여 사이렌을 울리며 따라왔다. 어쩔 수 없이 알마티에서는 차를 호텔에 세워두고 택시를 이용했다. 소비에트 연방 독립국가연합 CIS 당시의 경찰국가 잔재가 남은 카자흐스탄을 보면 사회시스템과 제도를 변화시키는 것이 얼마나 어려운 일인지 새삼 느낀다.

메듀^{Medeu} 계곡에 있는 스키리조트 심블락^{Shymblack}을 찾았다. 계곡과 산의 정취가 야생화와 조화를 이루는 아름다운 산에 자연적으로 조성한 리조트다. 알파인 스키에 적합한 슬로프는 초보자가 실수로 오르면 계속 살아야 할만치의 급경사다.

경찰을 피해 야간에 국경을 넘기로 했다. 밤이 오기를 기다려 자동차를 끌고 어두워지는 도로로 들어섰다. 아뿔싸, 카자흐스탄 경찰은 주·야간을 불문하고 맞교대를 하고 있었다. 새로운 멘트를 개발해야 했다. "저 앞에 있는 경찰에게 걸려서 다 해결하고 지나왔다. 그런데 또 잡냐?" 카자흐스탄, 길거리에서 만난 경찰만으로도 잊을 수 없는 나라가 되었다.

🚗 키르기스스탄, 아름다운 중앙아시아의 알프스

중앙아시아의 알프스라고 불리는 키르기스스탄, 늦은 밤 코르다이^{Korday} 국경을 지나 키르기스스탄으로 입국했다. 새벽 3시 30분. 가로등이 모두 꺼지고 차 한 대 보이지 않는 수도 비쉬켁, 달 밝은 밤에 우리를 반갑게 맞이한 패트롤이 있었다. 적색 신호에 우회전했다고 한다. '우회전 신호에 우회전해도 잡지 않았을까?' 유쾌하지 못한 경험이 반복되면서 우리 마음에는 편견이 쌓이고 세속에 물들고 있었다. 하지만 이튿날 아침, 설산을 에두른 키르기스스탄의 경치는 이 모든 편견을 날려버렸다. 창밖에 파노라마처럼 펼쳐진 설산의 아름다운 경치에 탄성이 절

▲ 산악도로

로 난다. 키르기스스탄, 너 이렇게 아름다운 나라였구나! 미안하다. 이제야 알았
다.

국토의 92%가 산지인 키르기스스탄, 동서로 뻗은 톈산산맥, 파미르 고원, 키르
기스산맥의 틈바구니에서 낮은 분지의 좋은 자리는 카자흐스탄과 우즈베키스탄
이 차지하고, 키르기스스탄은 아름다운 풍광의 산을 가졌다. 도로 대부분이 굽
이굽이 비포장의 산악도로다. 거리정보도 지극히 부정확해 내비게이션만 믿고 가
다가는 어딘지 모르는 길을 밤새 헤맬 수 있다.

키르기스스탄은 수천만 년 퇴적과 풍화작용의 손길이 빚어낸 자연의 걸작이다.
산과 들, 호수와 하천, 계곡과 협곡을 달려보면 왜 이 나라를 중앙아시아의 알프
스라고 하는지 알게 된다.

여행 중에 수많은 호수를 만났지만, 어느 곳과 비교해도 빠지지 않는 호수가 송
쿨이다. 고원에 자리한 송쿨 호수로 가려면 굽이굽이 꼬부랑 길을 한참을 올라가

야 한다. 녹지 않은 해묵은 겨울의 눈은 다시 내리는 눈으로 새 살을 불리려 내리쬐는 햇볕을 온 몸으로 버틴다. 일 년에 200일은 눈으로 덮인 송쿨은 초원으로 둘러싸인 고원이다. 자전거를 타고 온 세 명의 폴란드 청년은 페달을 밟으며 허연 숨을 내뱉는

▲ 폴란드 자전거 여행자들

다. 느릴수록 많이 보고 깊게 느낀다 했으니 우리보다 행복한 여행자다.

텐산산맥에는 이천 개가 넘는 호수가 있다. 그중 두 번째로 큰 호수가 송쿨이다. 주위에는 목축과 어업으로 살아가는 사람들이 있다. 넓고 맑은 호수 옆에 있는 전통 가옥 유르트에서 하루살이 유목민이 되는 추억을 남길 수 있다. 송쿨호

▲ 중앙아시아의 스위스, 키르기스스탄 캐니언

수를 지나 해발 3,000m 고개의 정상에 오르자 숨이 멎을 뻔했다. 중앙아시아의 알프스가 바로 이곳이었다.

자연 앞에 인간은 정말 아무것도 아니다. 오랜 세월에 걸쳐 반복되고 지속하여 융기와 침식 과정을 거친 산하가 눈 아래로 펼쳐졌는데, 경치로 따지면 그랜드 캐니언을 압도했다.

카자만에서 1박하고 오쉬로 향했다. 송쿨을 지나 오쉬까지 600㎞를 1박 2일 동안 달리며 중앙아시아의 알프스를 쉴 사이 없이 눈과 가슴으로 담았다. 국토 92%가 산지인 키르기스스탄은 교량과 터널이 아예 없어 산악도로를 어지럽게 돌아가야 한다.

타지키스탄으로 가기 위해 카라믹^{Karamyk} 국경으로 간다. 파미르 허가증을 취득하지 못해 사리타시 국경을 이용할 수 없어 사리타시에서 서쪽으로 길을 잡았다. 카라믹으로 가려면 파미르의 고산을 바로 옆에 두고 달려가야 한다. 3시간을 달려 국경에 도착하니 키르기스스탄과 타지키스탄 사람만 이용하는 로컬 국경이다.

오쉬로 돌아 나왔다. 그러나 후회는 없다. 오고 가며 파미르 고원의 아름다운 북쪽 사면과 자연의 정취를 마음껏 보았기 때문이다. 잘못된 길을 달리는 것도 여행에서는 허용된다. 그런 실수가 때로는 잊을 수 없는 감동과 추억을 선사한다.

마을 초입을 지나는데 뒤늦게 우리를 본 경찰이 차를 세우라고 소리를 지른다. 앞에서 세우는 경찰도 마땅치 않은데 뒤에서 소리치는 경찰의 부름에 응할 만치 우리는 관대하거나 소심하지 않았다. 마을의 끝에 이르자 연락받은 경찰이 우리를 기다리고 있었다. 내리라고 하길래 못 내리겠다고 했다. 여권 제시를 요구해 복사본을 건넸다. 차에서 내려 경찰서장에게 가자고 하기에 그를 데려오라 했다. 여행 중 자동차에서 이탈하는 것은 절대 금지해야 할 사항이다. 늦은 시간 이스파라^{Ispara} 국경을 통과해 타지키스탄의 수도 두산베로 향했다. 산을 넘고 물을 건너면 넘어야 할 산이 다시 나타났다.

▲ 길 위에서 만난 목동

▲ 파미르 고원 북사면

▲ 수도 두샨베 가는 길

🚗 고산과의 싸움 끝에 세계의 지붕에 오르다, 파미르 고원

타지키스탄의 수도 두산베^{Dushanbe}에 도착했다. '세계의 지붕' 파미르 고원이 있는 산악국가다. 주거와 경작을 할 수 있는 땅이 국토 면적의 8%에 불과한 척박한 지형이다. 1인당 GDP는 인근의 아프가니스탄보다 낮으며, 키르기스스탄과 중앙아시아의 최빈국 자리를 두고 각축을 벌인다.

수도 두산베에서 두 명의 젊은 남녀를 만났다. 올해 25살이라는 베죠드는 명문대학에서 독어독문학을 전공했다. 나름 영어가 유창하고 한국어도 제법 구사한다. 카페에서 아르바이트하는 그는 자기 나라의 미래가 암울하기만 하단다. 미국 이주를 원하는 베죠드는 100만원 가까이 드는 비자 수속비가 비싸다며 걱정이 이만저만 아니었다. 경찰관의 월급이 700소모니, 한국 돈으로 약 15만원 밖에 되지 않으니 부패할 수밖에 없고, 경찰보다 적은 월급을 받는 교사는 교육에 대한 의욕과 열의를 상실했다는 것이 베죠드의 설명이었다. 또 다른 젊은 여성은 텔레콤의 마케터로 일한다. 그녀는 외국인이 데이터 심 카드를 구매하면 서비스 밸런스로 데이터를 개통해 주고 돈을 슬쩍 챙겼다. 뒤늦게 잘못된 걸 알아도 그녀를

▲ 파미르 고원 가는 국도

다시 찾아올 사람이 없다는 걸 노린 것이다. 우리 역시 그녀에게 속았다. 7일분의 데이터 로밍을 신청했는데 10분 만에 데이터가 소진됐다. 다음날 찾아가니 그녀의 얼굴이 새파랗게 질린다. 타지키스탄이 좀 더 잘 살았으면 좋겠다.

파미르 고원 가는 길은 험하고 고되다. 고원 마을 무르갑Murghab으로 가는 840㎞는 비포장도로다. 출발하고 얼마 지나지 않아 산으로 오르는 돌길에서 타이어 펑크가 났다. 스페어타이어 2개를 가지고 다녀도 불안하다. 마을마다 타이어 수리점이 있지만 자전거용 발 펌프로 공기를 주입하니 원하는 압력까지 공기를 완충시킬 수 없었다.

주유소에는 주유기가 없어 드럼통의 디젤유를 뒷박으로 덜어내 깔때기로 질질 흘리며 주유했다.

▲ 타이어 수리점과 주유소

쉬지 않고 달려 칼라이쿰Kalaikhum에 도착했다. 287㎞를 8시간이나 걸렸으니 한 시간에 35㎞ 달린 셈이다. 지금부터 파얀드 강을 국경으로 하는 아프가니스탄을 옆에 두고 달려야 한다. 손을 뻗으면 닿을 듯하고 소리를 지르면 들리는 지척이다. 우리에게는 멀고도 먼 나라, 언제나 아프가니스탄을 가 볼 수 있을까?

▲ 강 건너 아프가니스탄이 지척이다.

🚗 세계의 지붕에서 떠올린 고선지 장군

제2의 도시 호로크에 도착했다. 시내는 젊은이들로 활기가 넘친다. 주립대학교가 있으며 주 정부 청사 규모도 상당하다. 길가에서 대학교수를 만나 이런저런 이야기를 나누었다. 필요한 일이 있으면 언제든지 연락하라고 전화번호를 주었는데 그 호의가 고맙다. 파미르 고원에 가까워졌다.

두산베에서 이곳까지 오는 데 꼬박 2박 3일이 걸렸다. 모하비가 부서지지 않고 온 것만도 다행일 정도로 길이 나빴다. 산을 절개한 곳에서는 낙석을 조심해야 한다. 파인 땅을 살피랴 떨어지는 낙석을 쳐다보랴 고개를 수없이 끄덕이며 달려야만 했다. 때때로 산에서 굴러떨어진 낙석이 길

▲ 제 2의 도시 호로크

을 막는다. 하천에 놓였던 다리는 지난 폭우에 유실되어 흔적조차 없다. 파미르 고원의 면적은 8,400㎢로 서울특별시의 14배 크기다. 모하비는 고도를 올려 해발 4,344m 카르구쉬 패스와 4,137m 나이자태쉬 패스를 거침없이 넘었다.

톈산, 힌두쿠시, 카라코람 산맥으로 둘러싸인 파미르 고원, 하늘이 가까워서일까? 구름이 눈앞에 있어 하늘은 더욱 푸르다. 해발 3,650m, 파미르 고원의 외딴 마을 무르갑이 저 아래로 보인다.

파미르 고원에도 한국인의 이야기가 있다. 고선지 장군, 그는 서기 747년 당나라 보병 1만 명을 이끌고 파미르 고원을 넘어 서역 정벌을 떠난 당나라 장수다. 고선지는 고구려 사람으로 삼국통일 후 그가 살던 지역이 당나라로 편입되었다. 그는 아버지 고사계의 뒤를 이어 당나라 장수가 되었다. 고선지는 우즈베키스탄의 사마르칸트까지 당나라 영토를 확장했으며, 그 길은 동서를 연결하는 실크로드가 되었다. 또 이슬람 종교와 문화가 그 길을 따라 중앙아시아로 유입되었다. 고고학자 오렐 스타인은 말했다. "고선지의 서역 원정은 한니발과 나폴레옹의 업적을 훨씬 뛰어넘는 것이다."

▲ 파미르 고원 가는 길

▲ 파미르 고원은 태양신의 자리다.

두산베의 호텔에서 갑자기 찾아온 고산 증세로 밤을 뜬눈으로 새웠다. 이제 파미르 고원을 내려간다. 4,655m 아크바이탈 패스와 4,282m 끼질아트 패스를 지나 국경 초소에서 출국심사를 하고 키르기스스탄의 사리타시^{Sary tash} 국경을 넘었다.

▲ 파미르 고원

키르기스스탄은 우즈베키스탄과 접하는 서부의 일부 평야지대를 빼고는 모두 산이다. 오쉬를 출발해 잘랄아바드^{Jalal Abad}를 지나 서쪽으로 가니 평야지대가 나오고 넓은 밭이 펼쳐진다. 이것도 잠시, 사말디 샤이^{Shamaldy Say}부터 우크떼렉^{Uch Terek}까지 장장 154㎞의 산악도로가 나온다. 댐으로 생긴 인공호수와 카라쿨을 옆에 두고 달리는 환상적인 베스트 드라이브 코스다. 그간 비포장도로를 달리며 뒤집어쓴 흙먼지와 산을 넘나든 수고를 보상해 주려는 듯이 시원스럽게 달릴 수 있는 아스팔트 포장도로다. 도로 끝에서 카라쿨을 만났다.

중앙아시아의 알프스로 불리는 키르기스스탄은 천혜의 관광자원을 가지고 있지만, 먹고 살기에도 바쁘고 벅차 개발할 여유가 없다. 지금 이대로의 모습이 좋다고 말하는 것은 여행자의 팔자 좋은 소리에 불과할지 모른다. 여행자는 말없이 떠나면 되는 일이다.

▲ 카라쿨

🚗 중앙아시아 마지막 여행지, 카자흐스탄

타라즈Taraz 국경을 넘어 카자흐스탄으로 간다. 실크로드의 중심으로 2000년 역사를 가진 고대도시다. 안타깝게도 서역 원정길에 나선 고선지 장군이 이 일대에서 아랍연합군에게 크게 패했다. 이후 중앙아시아는 이슬람 문화권으로 편입되었다.

시내 여행 중에 만난 학생들이 길 안내를 해주겠다고 자청한다. 한 학생은 태권도 국가대표로 춘천에서 열린 대회에 참가했다고 한다. 한국 문화의 해외 진출은 괄목할 만하다. 누구나 우리말 한마디는 알았고 한국에 대한 호감도가 높았다. 한국산 가전제품은 물론이고 자동차도 적지 않다.

▲ 태권도 소년

험한 비포장 도로

▲ 야생화가 만발한 스텝

타라즈에서 알마티로 가는 4차선의 콘크리트 고속도로는 우리나라와 비교해도 손색이 없다. 그러나 딱 여기까지였다. 슈Shu에서 분기되어 아스타나로 가는 A358국도는 막말로 개판이었다. B52 폭격기에서 투하된 포탄을 맞은 듯한 험한 몰골의 아스팔트 도로가 장장 200㎞다. 주의를 기울여 운전하지 않으면 차체의 하부가 바닥과 닿을 정도다.

이곳에도 경찰은 어김없이 차량 단속을 한다. 아무것도 위반하지 않은 차를 세우는 경찰을 보니 앞으로 이 나라가 얼마나 강력한 사회개혁을 치러야 할지 남의 일에 걱정이 앞선다. 그러나 사람은 사람이고 자연은 자연이다.

자연은 사람과 달라도 한참 달랐다. 야생화가 만발한 대초원을 달린다. 끝없이 펼쳐진 스텝. 좌우 지평선 끝으로는 그냥 그대로 하늘이다. 콜럼버스가 오랜 항해 끝에 얻은 "지구는 둥글다."라는 결론을 이곳에서는 스텝에서 바로 찾을 수 있다.

발하슈^{Balkhash}호는 초원 실크로드에 있는 호수로 길이가 자그만치 605㎞, 폭은 74㎞로 중앙아시아에서는 두 번째, 세계에서 15번째로 큰 호수다. 호수의 중간쯤에 구리 제련을 위해 건설된 도시 발하슈가 있다. 카자흐스탄 사람들은 발하슈 호수를 바다로 알고 살아간다. 호수에는 해로가 있으며 호안에는 몇 개의 도시와 항구가 있다. 거친 파도가 치고 섬이 있으며 고기 잡는 큰 어선도 눈에 띈다. 담수와 염수가 공존하고 있어 북부와 남부의 물 색깔마저 다르다.

수도 아스타나로 가는 M36 도로는 넓지만, 노면이 엉망이다. 스텝을 덮은 야생화가 무료해질 즈음 바람에 흔들리는 억새의 향연이 펼쳐졌다.

중간 도착지 카라간다^{Karaganda}를 거쳐 수도 아스타나에 도착했다. 세상은 여행 중에도 끊임없이 변한다. 2019년 3월 수도의 명칭이 아스타나에서 누르술탄^{NurSultan}으로 변경되었다.

카자흐스탄을 달려보면 얼마나 큰 나라인지 알게 된다. 잠만 자고 달려도 2박 3일은 꼬박 달려야 남북을 종단할 수 있는 세계 9위의 광활한 영토 대국이다. 많은 여행자는 카자흐스탄이 볼 게 없다고 말하지만, 우리는 달랐다. 넓고 푸른 평원과 손에 잡힐 듯한 청명한 하늘, 싱그럽고 탁 트인 자연을 가슴에 가득 담은 채, 트로이츠크^{Troitsk} 국경을 지나 러시아를 거쳐 북유럽으로 간다.

▲ 수도 누르술탄, Bayterek Tower

▲ 수도 누르술탄 야경

• 셍겐 협약을 숙지하자

유럽을 여행하기 위해서는 셍겐협약Schengen Agreement을 숙지해야 한다. 1985년 6월 14일 룩셈부르크 셍겐에서 독일, 프랑스, 룩셈부르크, 네덜란드, 벨기에 등 5개국이 조인한 협약으로, 당사국 사이의 국경 철폐를 주요 내용으로 한다. 현재는 아일랜드를 제외한 EU국가, EU에 가입하지 않은 아이슬란드, 노르웨이, 스위스, 리히텐슈타인이 참여해 총 26개국이 협약 당사국이 되었다.

주요한 내용은 공통의 출입국 관리정책을 통해 인적, 물적 상호 국경이동을 자유롭게 하기 위한 것이다. 최초 입국하는 셍겐협약국에서 출입국 심사를 받으면 나머지 협약국을 자유롭게 이동할 수 있다. 단 최초 입국일을 기준으로 180일 이내에 90일 이상을 체류해서는 안 된다. 조약국은 셍겐 정보시스템 SIS를 통해 범죄자, 테러리스트, 행불자 및 입출국 정보를 상호 공유한다. 셍겐 Zone을 나갈 때 조약국의 체류 일수에 대한 확인 우려가 있으므로 여행자는 이를 염두에 두고 일정을 유지·관리해야 한다. 한국은 유럽의 거의 모든 국가와 3개월 시한의 사증 면제 협정이 체결되어 있다. 그러니 한국 여행자에게는 별로 이점이 없는 협약이다. 3개월 내로 유럽 여행을 마치는 것은 타이어가 불이 나게 달려도 불가능에 가깝다. 셍겐 국가를 90일 넘겨 여행하는 유효한 방법은 무엇일까?

첫째, 셍겐 국가와 비셍겐 국가의 일정을 조합해야 한다. 셍겐 협약국을 90일 가까이 여행하고 발칸반도와 터키, 조지아 등 비셍겐국에서 90일 이상을 체류한다. 그리고 영국과 아일랜드로 넘어가 3개월을 체류하고, 셍겐국으로 입국하면 90일 가까운 여행기간을 다시 확보할 수 있다. 외교부 홈페이지를 방문하면 셍겐국의 체류가능일을 계산할 수 있는 EU 연합의 Short-Stay Visa Calculator가 있으니 이를 참고하자.

둘째, 셍겐협약국 중에서 한국과 맺은 양자 사증 면제 협정을 우선 적용하는 국가가 있는데 그 기간은 대체적으로 3개월이다. 예를 들면, 셍겐 조약을 적용하는 국가를 여행하고 이후 양자 사증 면제 협정을 우선 적용하는 아이슬란드, 노르웨이, 스웨덴을 여행한 다음, 핀란드를 통해 출국하면 된다. 그러나 협약 및 논리상으로는 문제가 없으나 해당 출입국에 대한 증명과 비자면제협정 우선 적용에 대한 설명과 이해를 구하는 것이 문

제가 될 수 있다. 솅겐국 중에서 양자사증면제협정을 우선 적용하는 국가는 총 14개국이고 솅겐협정 우선 국가는 12개국이다. 외교부 솅겐협약에 자세히 나와 있다.

• 솅겐국을 여행하려면 ETIAS를 알아야 한다

현재 62개 국가의 국민이 비자 없이 솅겐협약국으로 들어가 90일간 체류할 수 있다. 유럽연합 집행위원회European Commission는 테러리즘과 불법입국자의 솅겐국 입국을 방지하기 위해 ETIAS라는 전자여행허가인증시스템 도입을 결정했다. 미국이 시행하는 ESTA와 동일한 시스템으로, ESTA는 비행기를 통한 입국에만 적용하는 반면, ETIAS는 공항, 육로, 해상에 모두 적용한다는 점에서 차이가 있다. EU는 2016년부터 ETIAS와 관련한 법적 절차를 착수했다. 실제 도입은 2022년으로 예정하고 있으며, 늦어도 2023년까지는 시행을 완료하기로 했다.

ETIAS가 시행되면 솅겐 국가를 여행하려는 사람은 홈페이지를 방문하여 Application Form을 작성해야 한다. ETIAS의 발급이 거부되면 그 사유에 대한 이의를 제기할 수 있으며 Application을 다시 작성해 허가를 구할 수 있다. ETIAS의 유효기간은 최장 3년으로 180일의 범위 안에서 90일간의 여행이 가능하다. 그리고 18세에서 70세에 해당하는 사람은 7유로의 발급수수료를 카드로 납부해야 한다.

숙지해야 할 것은 독일, 벨기에, 오스트리아의 순서대로 여행하기 위해서는 Applicatin Form의 First EU Country에 독일을 기재해야 하며, 다른 국가로의 최초 입국은 불허됨을 반드시 명심하자. 최초 입국 이후에는 솅겐국의 어느 나라로의 이동이 가능하고, ETIAS가 없으면 솅겐국을 통해 다른 나라로 출국할 수 없다는 사실도 중요하다.

• 유럽의 카페리 해상 항로

지구는 표면의 3분의 2 이상이 바다로 덮인 행성이다. 자동차 여행 중 카페리를 타고 바다와 강을 건너 국가와 대륙을 이동하는 일은 선택이 아니라 필수다. 유럽의 주요 카페리 항로는 다음과 같다.

❶ 프랑스–영국
- Calais to Dover, Calais to Folkestone, Dunkirk to Dover, Caen to Portsmouth
- Cherbourg to Poole, Dieppe to Newhaven, Roscoff to Plymouth

❷ 프랑스–아일랜드
- Cherbourg to Doublin, Rosslare

❸ 덴마크–아이슬란드
- Hirtshals to Tórshavn in Faeroe Ialand, Hirtshals to Seyðisfjörður in Iceland

❹ 덴마크–노르웨이
- Hirtshals to Kristiansand, Larvik, Langesund, Stavanger, Bergen in Norway, Copenhagen to Oslo

❺ 영국-아일랜드
- Liverpool to Doublin, Liverpool Birkenhead to Belfast, Holyhead to Doublin

❻ 영국-네덜란드
- Hull to Rotterdam, Newcastle to Amsterdam, Harwich to Hook of Holland

❼ 영국-벨기에
- Hull to Zeebrugge

❽ 영국-스페인
- Plymouth to Santander, Portsmouth to Bilbao

❾ 이탈리아-그리스
- Ancona to Corfu, Igoumenitsa, Patras

❿ 이탈리아-알바니아
- Ancona to Durres, Bari to Durres, Brindisi to Vlora

⓫ 이탈리아-크로아티아
- Ancona to Split, Bastia, Stari Grad, Zadar

⓬ 이탈리아-시칠리아
- Villa San Giovanni to Messina, Naples to Palermo, Genoa to Palermo

⓭ 이탈리아-몰타
- Genoa to Valletta, Salarno to Valletta, Sicilia Pozzallo to Valletta

⓮ 그리스-이스라엘
- Lavrio to Haifa

⓯ 스페인–모로코
- Tarifa to Tangier, Algeciras to Tangier Med, Algeciras to Ceuta in Spain

⓰ 스웨덴–핀란드, 라트비아
- Stockholm to Helsinki, Turku, Riga

⓱ 스웨덴–러시아
- Stockholm to St. Petersburg

⓲ 핀란드–에스토니아
- Helsinki to Tallin

⓳ 덴마크–독일
- Gedser to Rostock, Rødby to Puttgarden

• 하이웨이 통행료 방식 / 비넷

유럽 자동차 여행의 장점은 하이웨이를 통한 국가 간 이동이 수월한 것이다. 유럽 국가는 육로국경으로 서로 연결되며 셍겐 협약국가는 별도의 출입국 절차 없이 하이웨이를 이용해 자유롭게 왕래한다.

유럽 국가의 통행요금 징수시스템은 서로 상이하다. 통행요금의 징수시스템은 네 가지로 구분되며 일부 국가는 혼용한다.

첫 번째 통행료를 징수하지 않는 나라다. 독일, 벨기에, 룩셈부르크, 네덜란드, 영국이 이에 해당한다.

두 번째 톨게이트 방식이다. 이탈리아, 스페인, 프랑스, 크로아티아, 포르투갈, 그리스 등이 여기에 속한다. 톨게이트를 통해 티켓을 발급받고 요금을 납부하기에 우리에게 친숙하다.

세 번째 비넷Vignette 방식이다. 정해진 기간 동안 이용하는 비넷을 구입하여 차량 유리창에 부착하고 하이웨이를 달린다. 톨게이트가 없는 대신에 도로에 설치된 무인인식장비를 통해 비넷을 인식한다. 스위스, 오스트리아, 체코, 헝가리, 폴란드, 포르투갈, 슬로바키아, 슬로베니아, 불가리아 등 많은 유럽 국가들이 채용한다.

네 번째 인터넷 등록 방식이다. 홈페이지를 통해 차량과 신용카드 정보를 입력하면 일정 기간 경과 후 사용한 통행요금을 알아서 빼가는 시스템으로 노르웨이가 대표적이다.

비넷은 국경을 통과하기 전후에 위치한 휴게소와 주유소에서 판매한다. 비넷을 구입하지 않고 하이웨이를 달리다 적발되면 패널티를 물어야 하니 주의를 기울이자.

그 밖에도 민자도로, 관광도로, 교량, 터널 등에는 다른 방식으로 요금을 징수하는 경우가 많으므로 그때 상황에 맞추어 유연하게 대응하면 되는 일이다.

• 유럽은 자동차 도둑의 천국이다

자동차 여행자에게 있어 차량의 중요성은 아무리 강조해도 지나치지 않다. 주기적인 차량 점검과 수리를 통해 최상의 상태를 유지하고, 안전운전으로 사고 예방에 주력해야 한다. 그리고 주정차 시에는 차량 손상이나 도난 등에 각별히 유의해야 한다. 범죄의 표적이 되어 차량을 도난당하거나 손상당한 사례는 부지기수다.

여행자의 렌터카와 외국번호판 부착 차량을 찾아내 송곳으로 타이어 펑크를 내고 친절하게 도와주는 척하며 차내 소지품을 털어 도망가는 수법은 스페인에서 빈번하다. 멀쩡한 대낮에 주차된 렌터카의 사이드 윈도우를 깨고 여행용 가방을 몽땅 집어가는 사례가 파리 에펠탑 근처에서 일어났다.

우리 속담에 "지키는 사람 열에 도둑 하나를 못 당한다."라는 말이 있다. 유럽을 치안이 완벽한 선진국이라고 방심하는 여행자의 허를 찌르는 차량도난과 손상사고가 빈번하게 일어난다. 우리는 과하다 싶을 정도로 유럽에 호의적이고 관대하지만, 치안이 제일 불안한 대륙 또한 유럽임을 명심해야 한다. 주차가 안전하지 않다는 판단이 들면 동반자와 교대로 여행하는 것까지 불사해야 한다. 주유소나 휴게소에 들를 경우 한 명은 주차된 차량을 떠나지 말자.

한적한 곳을 피하고 보안시설이 완벽한 유료 지하주차장을 이용해 도둑의 시야에 노출되지 않아야 한다. 유럽 숙소는 럭셔리한 몇 성급의 호텔이나 시내 외곽의 한적한 숙소를 제외하면 전용주차장을 가지고 있는 곳이 드물다. 호텔이나 호스텔 앞의 도로에 차를 세우면 범죄의 표적이 되기 십상이다. 숙소를 구할 때에는 전용 주차장 유무를 반드시 확인해야 한다. 다음날 다시 출발할 때까지 많은 시간을 차량과 떨어져 지내는 이 시간대가 차량 손상이나 절도에 가장 취약하다. 숙박료에 더해 주차비를 부담하는 비용의 증가를 기꺼이 감수하는 것이 오히려 마음 편하다.

스칸디나비아 반도

| 내 차로 가는 유럽여행 |

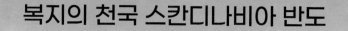

복지의 천국 스칸디나비아 반도

• 핀란드, 노르웨이, 스웨덴 •

숲과 호수의 나라 핀란드에서 산타클로스를 만나고, 유라시아 최북단 노르카프에서 8월의 눈을 마주했다. 북극해에 촘촘히 박힌 로포텐 제도와 피오르의 제왕 게이랑에르와 송네에 들르고, 플레이케스톨렌에 올라 그리그Grieg의 〈솔베이지의 노래〉를 불렀다. 화가 뭉크의 〈절규〉를 보고 극작가 입센의 박물관에 들러 그가 전해주는 '노라'의 이야기를 들었다. 김대중 대통령을 노벨 프레스센터에서 만나고 세계에서 가장 살기 좋은 도시 1위 스톡홀름으로 들어간다.

핀란드는 숲과 호수의 나라다. 국토의 70%가 산림이고, 호수가 무려 18만 7,888개로 국토 면적의 10%에 이른다. 땅은 우리나라의 3.5배가 넘고, 인구는 1/9 정도이니 얼마나 여유로운 땅에서 평화롭게 살고 있는지 알 만하다.

국경도시 라펜란타Lappeenranta는 핀란드에서 제일 큰 호수 사이마를 품고 있는 도시로 인근의 운하를 통해 발트해를 거쳐 러시아와 대서양으로 연결되는 내륙 해운의 중심지다. 항구에 인접해 있는 린노이투스Linnoitus 요새는 스웨덴이 건설하다 18세기에 들어 러시아가 완성했다.

핀란드의 과거 역사에는 스웨덴과 러시아가 등장한다. 12세기경 스웨덴은 핀란드를 점령하여 오랫동안 통치했다. 그러다가 1743년에는 러시아가 스웨덴을 몰아내고 핀란드를 러시아 제국으로 합병했다.

▲ 국경도시 라펜란타, 사이마 호수

하지만 1917년 10월, 상트페테르부르크의 네바 강가에 정박한 오로라 전함에서 울린 한방의 포성을 시작으로 사회주의 혁명이 일어나 러시아의 절대 왕정이 붕괴되었고, 이 틈을 타 핀란드는 독립을 선포했다. 핀란드 건국일이 1917년 12월인 이유다.

▲ 전함 오로라

🚗 집에 캠핑카가 안 보이면 휴가 중

북으로 달려 도착한 사본린나Savonlinna는 교통의 중심지로 호수로 둘러싸인 전형적인 휴양도시다. 북유럽에서 가장 아름다운 곳에 세웠다는 올라빈린나 Olavinlinna 성은 도시의 자랑이다. 물 위에 떠 있는 올라빈린나 성은 1475년 호수 안의 돌섬 위에 축성되었다. 16세기와 17세기에 걸쳐 러시아 공격을 받았으며 1743년 러시아에 합병되며 군사적 목적을 잃었다. 성을 지을 당시 건설 인부에게 맥주로 노임을 지급했다 한다. 평일에는 5ℓ를 주고 주말에는 7ℓ를 주었으니 옛날에도 휴일 근로 수당이 있었던 셈이다.

성이 특별히 주목받는 이유는 1912년부터 지금까지 성 안에서 오페라를 공연하기 때문이다. 요즘도 7월 중순부터 한 달 동안 오페라와 오케스트라 공연이 열린다. 턱시도를 입은 신사들과 롱 드레스를 입은 숙녀들이 오페라 공연을 보기 위해 호수 건너 성안으로 들어오고 있었다. 요새를 유적으로 보존하는 것에서 한발 더 나아가 지역 주민을 위한 문화공간으로 활용하는 것이 인상적이다. 한 달간 열리는 축제에는 뜻밖에도 기아자동차가 파트너로 참여하고 있었다.

사본린나를 떠나 오울루Oulu로 향한다. 474㎞를 이틀에 걸쳐 가기로 했다. 하이웨이는 시속 130㎞, 국도는 100㎞ 제한속도를 주고 있어 과속하거나 신호를 위반하며 달리는 차를 볼 수가 없다. 트래픽이 없고 도로 시설이 잘되어 있으며, 낮은 표고와 넓은 평야로 도로 경사와 굴곡이 유연해 운전하기에 어색하거나 불편하지 않았다.

드디어 오울루에 도착. 한국을 방문한 적이 있다는 호텔 사장은 "바이커가 들른 적은 있지만 자동차 여행자는 처음"이라며 우리를 반겼다. 체크인을 하고 숙소를 나와 인근 카센터에서 엔진오일을 교체하고, 델타 기아모터스에 들러 차량진단을 받았다. 시내 구경에 나선다. 오울루의 중심은 카우파토리Kauppatori 광장이

▲ 올라빈린나 성

다. 붉은색 목조건물이 둘러싼 광장에는 노천시장이 열리고 주변으로는 카페와 공방이 즐비하다. 광장 앞 호숫가에는 젊은이들이 끼리끼리 앉아 만남과 대화의 시간을 가진다. 호수에는 요트 타는 사람과 서핑하는 청소년, 데크에는 춤추는 젊은이가 있다.

▲ 오울루

오울루는 '자전거의 천국'이라는 핀란드에서도 으뜸가는 자전거 도로망을 갖춘 도시다. 우리나라 지자체의 공무원들도 오울루의 자전거도로를

▲ 자전거의 천국, 핀란드

견학했다. 노점상이 가로막고, 전봇대가 서 있고, 자동차로 점령된 우리의 자전거 도로와는 품과 격이 다르다. 자전거를 타고 소나무 숲길을 달려 직장, 학교, 슈퍼를 가는 시민의 일상이 부러웠다. 날리카리 호수로 이어지는 자전거도로는 그 중의 압권이다.

'집에 캠핑카가 안 보이면 그 집은 휴가를 간 것'이라는 말이 있다. 핀란드 국민이 어떻게 여가와 자연을 즐기는지는 도로 위에서 만나는 무수한 캠핑카에서 찾아볼 수 있다.

OECD 국가 중 가장 노동시간이 많은 한국에서는 사용자는 "근로자의 노동 생산성이 낮다"하고, 근로자들은 "일한 만큼 돈을 못 받는다"고 한다. 우리가 핀란드처럼 사는 날이 올까? 좁은 땅과 과밀인구의 한국은 꿈속에서나 가능한 일인가?

🚗 성탄절의 동심으로, 로바니에미 산타 마을

로바니에미Rovaniemi로 향했다. 라누아Ranua 동물원이 있다. 북극지방의 동물이 있다는 말을 듣고 가는 길에 들렀다. 하얀 올빼미가 있다. 북극지방에서만 서식한다고 하니 처음 보는 것이 당연하다. 늑대는 땅 구덩이에서 잠을 자고 북극에서 온 백곰은 날씨 탓으로 물에서 도통 나오지 않았다. 아무리 친환경적이라 해도 자기 몸에 맞지 않는 환경과 계절을 보내느라 생고생들 하고 있었다. 사람에게 인권이 필요하듯 동물에게도 그들만의 권리가 필요하지 않을까?

북극곰

오로라

악티쿰 박물관에서는 북극지방의 역사와 민족, 주민들의 생활상, 주거환경, 북극 동물과 식물을 보고 오로라를 체험했다. 기다란 직사각형의 박물관 건물은 하늘과 호수를 볼 수 있도록 외벽과 천장을 유리로 처리하여 채광과 전망을 고려했다. 또 건물을 하이웨이 아래로 관통하여 호수로 끌고 나가 배치함으로써 공간 활용을 극대화했다. 전시된 동물은 박제품으로 리얼리티를 살리고 북극의 극한 환경에서 살아가는 사람의 모습을 생생하게 재현했다. 오로라 체험관에서는 모두 누워 천장의 스크린에 비추어지는 오로라를 볼 수 있게 했다.

로바니에미에서 이나리Inari로 가는 길에 산타 마을이 있다. 비수기에도 관광객이 많았다. 산타 마을의 하이라이트는 뭐니 뭐니 해도 산타 우체국과 산타클로스와의 만남이다. 산타 우체국에는 세계 각국의 어린이가 산타클로스 할아버지에게 보낸 소망 편지가 전시되어 있다. 한편에서는 저마다의 사연을 담은 편지를 사랑하는 사람에게 보내는 사람들로 분주하다.

▲ 편지쓰기

▲ 산타클로스

산타클로스가 "메리 크리스마스, 어디서 오셨나요?"라며 말을 건넨다. 한국이라고 하자 남한인지 북한인지 되묻는다. 산타클로스와 찍은 기념사진을 손에 넣기 위해서는 최소 30유로를 지불해야 한다. 성수기에는 두 분의 산타클로스가 올리는 매출이 어림잡아 하루 1억 원은 되지 않을까 싶으니 웬만한 중소기업이 부럽지 않다.

최북단에 있는 국경도시 이나리에 도착했다. 정북으로 99㎞ 올라가면 노르웨이다. 툰드라 기후가 만들어 낸 습한 늪지대가 많이 보인다. 일대는 바다에서 강으로 올라오는 연어를 목 빠지게 기다리는 곰의 서식지다.

핀란드와 노르웨이 국경에 도착했다. 도로 한편으로 세워 놓은 작은 간판이 이곳이 국경이라는 사실을 알려줄 뿐이다. 이웃집 마실 가듯이 국경을 넘었다.

▲ 핀란드-노르웨이 국경

🚗 눈 내리는 8월, 유럽 최북단 노르카프

노르웨이는 핀란드와 다르다. 노르웨이는 평야 대신 산악, 호수 대신 바다가 있었다. 도로 폭이 좁아졌고 그럭저럭 견딜 만하던 핀란드와 달리 돈 꺼내기가 무서울 정도로 물가가 올랐다. 국경을 통과하자마자 들른 하이웨이 휴게소의 레스토랑에서 가볍게 먹은 식사가 한화로 일 인당 3만 원이었다.

▲ Nordkapp 가는 길

그러나 주변으로 펼쳐지는 수려한 풍광을 보고 "조상들이 얼마나 좋은 일을 많이 했기에 이런 빼어난 자연을 가졌을까?"를 생각했다. 산이면 산, 바다면 바다 어느 것 하나 버릴 것이 없다. 푸른 바다와 청명한 하늘, 사람의 손과 발이 닿지 않은 태고 이래의 자연은 조물주가 노르웨이에 내린 평생의 선물이다.

경치에 취해 달리다 보니 어느덧 노르카프를 25㎞ 앞에 둔 호닝스보그Honningsväg에 도착했다. 노르카프Nordkapp는 유럽 대륙의 최북단이다. 내륙으로 깊게 파고들어 온 바다를 먼발치로 내려다보며 굽이굽이 산길을 달려 노르카프로 간다. 북해의 거친 바람과 긴 겨울의 혹한으로 산과 들은 이끼로 덮였고 위로는 야생 순록이 뛰놀았다.

▲ 유라시아 대륙의 최북단 노르카프

노르카프는 노르웨이의 동쪽과 서쪽에서 올라온 여행자의 종착지다. 머지않아 눈 내리고 긴 겨울이 온다는 것을 알기에 이곳을 찾은 여행자의 발길은 분주하기만 하다. 유럽 각국에서 올라온 캠핑카, 낡은 폭스바겐을 타고 온 낭만의 스위스 커플, 노르딕 인라인을 타고 온 열혈 청년, 플로렌스에서 스쿠터를 타고 온 괴짜 청년들, 할리데이 비슨을 끌고 온 뽀다구 독일 아저씨들로 북적였다. 물론 그중에서도 가장 멀리서 달려온 사람은 국산차 모하비를 끌고 온 '오! 필승 코리아'의 주인공 우리다.

▲ 스위스 커플

다시 트롬쇠Tromsø를 향해 남으로 먼 길을 떠났다. 내비게이션을 따라가니 바다가 앞을 가로막는다. 마지막 페리는 뒤꽁무니도 보이지 않고 배 떠난 부두에는 적막이 돈다.

"저 도로를 따라가면 트롬쇠가 나옵니다."

북부의 파리 트롬쇠

퇴근하는 페리 여직원이 친절하게 알려주었다. 눈앞에 보이는 트롬쇠를 앞에 두고 240㎞ 먼 길을 돌아가야 한다. 카페리는 노르웨이에서 하루 한 번 이상 꼭 타야 하는 대중 교통수단이다.

먼 거리를 달려 도착한 트롬쇠, 공영주차장은 암반을 파서 만든 지하터널이다. 1,000대가 주차하는 공간에는 원형 로터리까지 있는데, 좁은 섬의 한계와 불리함을 극복한 아이디어다.

트롬쇠 본섬 건너편 언덕의 트롬스달렌Tromsdalen 교회는 도시를 상징하는 건축물이다. 교회가 유명한 것은 독특한 건축양식 때문이다. 삼각형의 콘크리트 골조 부재 11개를 연속시키고, 그 사이를 유리 창호로 마감해서 실내에서 외부조망이 가능케 했다. 그리고 햇빛을 끌어들여 채광과 조명에 활용했다.

케이블카를 타고 오른 전망대는 세계에서 몇 손가락 안에 드는 뛰어난 전망이다. 도심과 공항이 있는 본섬 트롬쇠는 바다로 둘러싸이고 배면으로는 다른 섬의 산을 두른 또 다른 형태의 배산임수 지형이다.

▲ 트롬스달렌 교회

🚗 북극해에 촘촘히 박힌 6개의 별, '로포텐 제도'

남쪽으로 가는 길에 들른 라파우겐Lapphaugen은 제2차 세계대전 당시 프랑스, 폴란드, 영국, 노르웨이 연합군이 파죽지세의 나치 독일을 최초로 격퇴한 전승지다.

▲ 전승지 라파우엔　　　　　　　　▲ 크루즈

'북극해에 촘촘히 박힌 6개의 별'이라는 화려한 수식어를 가진 로포텐Lofoten제도로 향한다. 우리에게는 다소 생소하지만, 유럽에는 잘 알려진 유명한 관광과 휴양의 명소다. 스볼베르Svolvær는 로포텐 제도 여행의 시작이자 중심이다. 꼭 들러야 하는 트롤피오르Trollfjord의 바위 절벽은 높고 급하다. 놀랍게도 협소한 협곡으로 거대한 크루즈가 들어오고 있었다.

해안가 좁은 도로를 따라 섬마을 헤닝스베르Henningsvær로 간다. 바다 위로 촘촘하게 떠 있는 작은 섬들이 좁고 높은 교량으로 서로 연결되어 관광객으로 북적인다. 산이면 산, 바다면 바다, 호수면 호수, 어느 곳 하나 눈을 뗄 수 없는 아름다움을 간직한 로포텐 제도. 남쪽에 있는 어촌마을 모스케네스Moskenes는 보되Bodø로 가는 카페리가 출발하는 항구다.

보되에 도착해 살트스레우멘Saltstraumen으로 향했다. 세상에서 가장 큰 조류가 발생하는 곳으로 유속이 세계 최고다. 하루에 6번, 4시간마다 위치를 바꿔가며 어마어마한 물결이 소용돌이친다. 공갈 낚시를 하는 사람이 있어 '세월을 낚고 있구나' 했는데 한참 동안 씨름하며 초등학생 키만 한 고기를 건져 올린다.

로꼬뗀 제도

트론헤임Trondheim으로 가는 길에 플로렌스에서 온 청년들을 다시 만났다. 50cc 내외의 작은 스쿠터를 끌고 엄청난 굉음을 울리며 북극선으로 달려가고 있었다. 위도 66도 33분이 북극선Article Circle이다.

▲ 이탈리아에서 온 괴짜 청년들

옛 노르웨이 수도 트론헤임은 오슬로와 베르겐에 이은 제3의 도시로 역사유적이 많은 매력적인 도시다. 첫째가는 명물은 감리 비브로Gamle Bybru라는 다리다. 유유히 흐르는 강물의 양편으로 중세에 건축된 창고 건물이 늘어서 있다. 스칸디나비아 반도에서 제일 큰 니다로스 성당Nidaros Domkirke 외부로는 성인 동상이 조각되어 있으며, 내부는 어두운 석재를 사용해 엄숙하고 신성한 느낌이다.

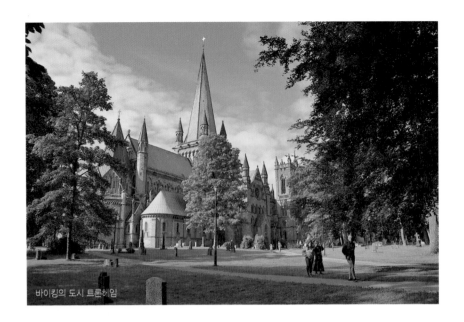
바이킹의 도시 트론헤임

그리고 일면 단순함과 어두움을 보완하기 위해 화려한 스테인드글라스를 도입했는데, '장미창'이 꽤나 유명하다.

전날 밤 성당과 대주교관 사이의 조그만 광장에서 음악공연이 열렸다. 귀에 익은 팝송이 들려 누군가 했더니 영국 출신의 팝 가수 톰 존스다.

중앙광장을 따라 시내로 들어가면 스티프츠고르덴Stiftsgarden이 나온다. 스칸디나비아에서 가장 오래된 목조 궁전이다. 왕실 정원은 시민들이 자유롭게 이용하고 통행할 수 있도록 개방하고 있다.

🚗 게이랑에르 피오르, 송네 피오르

몇 달을 살고 싶을 만큼 포근하고 매력적인 도시 트론헤임을 떠나 게이랑에르 피오르^{Geirangerfjord}로 간다. '피오르의 제왕'으로 불리는 게이랑에르 피오르는 20㎞ 좁은 바다를 가운데에 두고 서로 마주하는 높은 절벽이 장관이다.

▲ 게이랑에르 피오르

게이랑에르 피오르를 조망할 수 있는 해발 1,500m 전망대 달스니바^{Dalsnibba}를 오르기 위해 유료 산악도로를 올랐다. 그러나 구름이 산허리에 걸치고 이슬비까지 내려 도통 보이지 않았다. 캠핑카로 올라온 독일인 가족은 구름이 걷히기를 기다리며 식사를 하고 있었다. 우리도 컵라면을 끓였다. 젓가락으로 구름을 헤치며 면발을 들어 올리니 마치 신선이 되어 라면을 먹는 기분이다.

굽이진 길을 조심스레 내려와 플리달스유베^{Flydalsjuvet}로 이동한다. 게이랑에르 피오르를 눈앞에서 감상할 수 있는 곳으로, 노르웨이 조각가가 경치에 반해 만들어 놓은 조형물 '전망 의자'가 관광객을 맞이한다.

전망의자에 앉아 내려다보는 게이랑에르 피오르의 풍경은 말로 표현할 수 없는 아름다움 그 자체다.

피오르를 둘러보려면 카페리에 차를 싣고 헬레쉴트^{Hellesylt}로 가야 한다. 게이랑에르를 감상하며 남으로 내려가기 위한 최고의 선택이다. 아침 9시 30분에 출발하는 카페리에 차를 싣고 협곡을 이룬 좁은 바다를 빠져나간다.

전망의자

산에는 아직 잔설이 있고 눈 녹은 물은 폭포가 되어 바다로 쏟아졌다. 7자매 폭포Seven Sisters Waterfall에는 결혼하지 않은 일곱 자매의 전설이 있다. 맞은 편은 청혼자 폭포Suitor Waterfall다. 7자매 모두에게 청혼했지만 거절당한 비련의 총각이다.

다음으로 '피오르의 대명사'인 송네 피오르Sognefjorden로 출발했다. 가는 길에 있는 요스테달스브렌 빙하를 들렀다. 통상 해발 4,000m 이상의 산에서 볼 수 있는 빙하를 한적한 길옆에서, 그것도 한여름에 볼 수 있다니 놀라운 일이다. 카페리를 두 번 갈아타고 도착한 플롬Flam은 인구 500명 내외가 사는 작은 마을이다. 노르웨이를 대표하는 송네 피오르는 여행자들이 대부분 거쳐 가는 명소다.

노르웨이에서 가장 길고 깊다는 송네 피오르는 바다에서 내륙으로 들어온 좁은 해로를 따라 병풍을 이룬 수백m 높이의 절벽과 폭포가 압권이다. 플롬에서 출발한 송네 피오르의 선상 유람은 구드방엔Gudvangen에서 끝났다.

카페리

송네 피오르

🚗 〈솔베이지의 노래〉, 에드바르드 그리그를 따라서, 베르겐

베르겐Bergen, 인구 25만 명으로 노르웨이 제2의 도시다. 아름답기로 소문난 베르겐은 과거 스칸디나비아의 무역 중심이었다. 잘 보존된 구시가지와 산비탈에 들어선 그림 같은 주택, 중세 정취의 항구와 그 당시 지어진 올드한 상가가 어울려 중후한 품격을 도시에 더한다.

베르겐 교외의 나무 사이로 나 있는 오솔길을 걸어가면 에드바르드 그리그 Edvard Grieg의 생가와 기념관이 나온다. 우리에게도 잘 알려진 '솔베이지의 노래 Solveig's Song'를 지은 작곡가 겸 피아니스트다. 그는 노르웨이의 풍경과 전원, 역사를 음악으로 담아낸 민족적 색채가 강한 음악가다. 지금도 그의 이름을 딴 콘서트가 열려 많은 뮤지션을 발굴하고 육성한다. 그리그Grieg 기념재단에서 건축한 현대식 콘서트홀은 객석에 앉아 전면의 투명 유리창을 통해 그리그의 작품 활동 산실인 오두막집과 그 앞의 호수가 보이도록 설계했다. 과거의 유적이나 유물이 아니라 창의적이고 기발한 아이디어로 설계된 현대식 건축물도 관광객을 불러들이는 데 한몫을 한다. 유튜브로 '솔베이지의 노래'를 들으며 베르겐 중심가로 돌아왔다.

▲ 그리그 콘서트 홀

▲ 유네스코 세계 문화유산으로 지정된 브뤼겐

보겐Vågen 항구 근처에 있는 브뤼겐Bryggens은 석재와 목조로 만든 중세의 창고 건물이 들어선 곳으로 유네스코 세계문화유산으로 등재되었다. 해상무역의 교두보 역할을 한 항구는 유럽 상인들이 모여들며 날로 발전했다. 골목길로 들어가면 세월의 풍상을 견뎌낸 비스듬히 기울어진 옛 건물이 지금도 상가와 사무실로 사용된다. 브뤼겐 광장 앞에는 관광객을 상대로 하는 어시장이 있다. 150m가 넘지 않는 길의 양편으로 길게 늘어선 해산물 가게에서 허기진 배를 채우고 생맥주로 목을 축이니 이 세상에 부러운 것이 없다.

▲ 프레이케스톨렌 가는 길

프레이케스톨렌Preikestolen까지는 226km다. 거리는 멀지 않지만 두 번이나 카페리를 타야 하고 산을 돌고 호수를 끼고 도느라 시간이 오래 걸려 이틀에 걸쳐 가기로 했다.

숙소는 시골마을의 전형적인 게스트하우스다. 노인들이 많이 사는

▲ 한적한 시골의 Guest House

농촌 역시 사는 것이 풍요롭다. 젊은 층은 소득의 40% 이상을 세금으로 납부하지만, 노인은 67세 이후 연금을 받아 가처분소득이 젊은이보다 훨씬 높다. 그래서 노인층이 소비를 주도하며 소비 형태 또한 지극히 보수적이다. "열심히 일한 당신, 돈 걱정하지 말고 편히 쉬세요."

프레이케스톨렌은 과연 노르웨이 최고의 관광지다운 문전성시를 이룬다. 유럽 각국에서 온 캠핑카, 버스, 승용차로 주차장은 빈틈이 없었다. 프레이케스톨렌

신들의 놀이터, 프레이케스톨렌.

은 주차장에서 3.8㎞를 걸어가야 한다. 노르웨
이에서 입장료 안 낸 곳은 여기가 처음이다. 멀
리 뤼세피오르^{Lysefjord}가 눈에 보이면 정상이 가
까운 것이다. 뤼세피오르의 해수면 위로 깎아지
른 듯 서 있는 604m의 절벽이 프레이케스톨렌
이다. 까마득한 절벽 위에서 보는 뤼세피오르의
경치는 어떠한 수사나 찬사가 필요 없는 '신들의
놀이터'다.

프레이케스톨렌

🚗 오슬로 국립미술관, 로열 팰리스, 노벨 프레스센터, 비겔란 조각공원

수도 오슬로^{Oslo}, 노르웨이는 스웨덴과 육지로 접하며, 북해를 두고 덴마크를
마주한다. 지리적 이유로 11세기 이래 400년 동안 덴마크 지배를 받았고 이후는
스웨덴 차례였다. 국립미술관에는 1800년 이후 근 현대작품이 전시되어 있으며,
뭉크^{Edvard Munch}의 대표작 '절규'와 '자화상', '아픈 아이' 등이 있다.

뭉크의 대표작 '절규', 난간에 기댄 외로운 남자, 그가 세상을 향해 지르는 큰
목소리의 절규가 들린다.

뭉크는 어린 나이에 어머니와 누나를 결핵으로 여의고 여동생과 아버지는 우
울증으로 세상을 떠났다. 남동생도 사망하고 뭉크 역시 병마에 시달렸다. 어둠

고 아픈 가족사로 인해 뭉크는 삶과 죽음의 어두운 면이 투영된 작품을 많이 남겼다. 이후 건강이 좋아지며 그의 화풍은 어두운 그늘을 빠져나와 표현주의 색채가 옅어졌다.

▲ 뭉크의 대표작 '절규'

다음으로 국왕이 사는 로열 팰리스를 찾았다. 2014년 노르웨이 야당은 왕정 폐지법안을 의회에 상정했지만 부결됐다. 언젠가는 없어져야 할 봉건시대의 군주제를 지켜보는 국민들의 따가운 시선으로 유럽 왕실은 힘겨운 나날을 보낸다.

▲ 로얄팰리스

극작가 헨리크 입센Henrik Ibsen이 생전에 살았던 집은 입센 박물관이 되었다. '인형의 집'이라는 작품 속의 주인공 '노라'를 통해 '아내와 어머니가 아닌 한 사람의 인간으로 살겠다.'라는 메시지를 던져 세상을 놀라게 한 입센은 시대를 앞서간 극작가이자 여성해방에 앞장선 페미니스트였다.

▲ 입센 박물관

한편 노벨 프레스센터는 노벨의 이력과 제정, 평화상 수상자의 프로필과 사진을 디지털로 보여주는데 김대중 전 대통령도 있다.

오슬로 시청에서는 매년 12월 10일이면 노벨평화상 시상식이 열린다. 1950년 완공된 청사는 좌우로 두 개의 주 탑을 가진 완벽한 현대식 건물로 지어져 구시가지의 고전적 분위기와 전혀 어울리지 않았다.

▲ 전 대통령 김대중

부두 끝에 있는 현대적 감각의 아스트루프 피언리 박물관Astrup Fearnley Museet은 젊은 작가들의 참신한 발상과 기발한 소재를 이용한 다양한 장르의 작품을 보여준다. 무한한 상상력과 과감한 표현력을 바탕으로 엉뚱한 듯 재미있고 창의적인 작품이 여행자의 눈을 호사롭게 한다.

끝으로 비겔란Vigeland 조각공원을 찾았다. 상징적 자연주의 조각가 비겔란은 오슬로시의 지원으로 세계 최대의 조각원을 건설했다. 언덕 중앙에 있는 비겔란의 조각상이 눈에 든다. 세계에서 가장 큰 화강암으로 만든 작품 모노리스Monolith다, 121명의 남녀가 나체로 엉키어 정상을 오르기 위해 안간힘을 쓰는 모습이 부조된 탑으로 세기의 걸작이다. 다리 위의 '우는 아이' 동상의 손은 관중들이 만지작거려 반질반질하다.

▲ 아스트루프 피언리 박물관

▲ 젊은 작가의 설치 미술

오슬로에서는 지나는 사람에게 길을 물으면 안 되는 것이 그들 또한 관광객이기에 그렇다. 그만큼 여행자들이 많았다. 마을마다 여행자 안내소가 있는 것을 보고 놀랐다. 천혜의 관광자원과 보존을 위한 노력, 정부와 지자체의 재정적 지원, 국민의 열정이 부럽다. 노르웨이를 떠난다. 굿바이 노르웨이.

모노리스

🚗 세계에서 가장 살기 좋은 도시, 스톡홀름

스웨덴의 수도 스톡홀름, 세계 모범이 되는 사회 보장제도를 갖춘 스웨덴은 국가 예산의 3분의 1이 사회복지에 쓰이며, 안정적이고 높은 경제력으로 생활, 문화수준이 높다. Stadshus는 '북구의 베네치아'라고 불리는 아름다운 도시 스톡홀름의 시청사다. 건물을 상징하는 주탑의 전망대를 오르면 구시가지를 다 본 것이라고 할 만큼의 최고 조망을 보여준다.

길 건너 감라스탄Gamla Stan은 유서 깊은 여행자 거리다. 거리의 끝에 있는 노벨박물관은 노벨상 역사와 유래, 역대 수상자의 성과와 면면을 보여준다. 어머니들이 이런 사람이 되어야 한다며 자녀를 데리고 방문하는 필수코스다. 가까운 거리에 있는 쿵리가 슬로트Kungliga slottet는 국왕 구스타프 16세가 거주하는 로열팰리스이다. 교대식에 참석하는 근위대의 상당수가 여성이다.

▲ 스톡홀름

    문화와 환경, 교육과 의료, 치안 등 삶의 질이 높은 스톡홀름은 세계에서 가장 살기 좋은 도시 1위에 선정되어 전 세계 사람들의 부러움을 한 몸에 받는다.

▲ 유럽의 도심에는 트램이 있다.

▲ 근위대 교대식

수도 스톡홀름을 떠나 핀란드 수도 헬싱키로 간다. 크루즈는 두 곳의 선사에서 운항한다. 'www.tallinksilja.com'와 'www.sales.vikingline.com'이다. 대형 선박이라 롤링이 없어 늘어지게 자다 보니 16시간 걸려 헬싱키 항에 도착했다. 항구를 중심으로 한 구시가지에 모든 관광 명소가 모여 있다. 가장 높은 언덕에 있는 우스펜스키 교회Uspenskin Katedraali를 찾았다. 달리지 않으면 반드시 주차요금을 내야 하는 헬싱키에서 성당 구내주차장은 단연 예외다.

▲ 헬싱키 가는 카페리

▲ 우스펜스키 교회

가까운 곳에 있는 대성당Tuomiokirkko은 하얀색의 상부돔을 가진 신고전주의 루터파 교회로 원로원의 광장 앞에 있다. 교회는 내외부를 순백으로 칠하고 화려함과 치장을 과감하게 배제했다. 네 곳의 골조를 기둥으로 살리고 나머지 공간에 십자가 형상으로 신도석을 배치하는 등 구성이 독특하다. 그리고 종교개혁의 주역 마틴 루터, 멜란히톤, 미카엘 아그리콜라 등 3인의 조각상을 벽체에 올렸다.

▲ 신고전주의 루터파 교회

헬싱키 대학도서관에 들렀다. 외부는 평범하나 내부는 비범하다. 타원형의 오픈형 실링을 천장으로 연결해 하늘로 통하게 했다. 그리고 실링 주위로 오픈된 독서공간을 배치한 창의적인 아이디어가 돋보인다.

또 다른 국립도서관은 고전미의 극치로 왕실의 서가에 들어온 듯하다.

▲ 헬싱키 대학도서관

시벨리우스의 파이프 조형물을 찾았다. 시벨리우스는 핀란드의 민족적 정서와 전원 풍경을 담은 교향곡 〈핀란디아〉를 작곡한 음악가다.

한편 수오멘린나Suomenlinna는 6개의 섬을 다리로 연결하여 만든 군사요새다. 18세기 중반, 러시아의 팽창주의를 저지하기 위해 건설했으나 이후 러시아에 합병되며 그 기능을 잃어버렸다. 격동의 핀란드 역사를 상징하는 군사 건축 유산이다. '핀란드인의 요새'라는 뜻을 가진 수오멘린나라는 이름은 러시아로 부터의 독립이후에 명명된 것이다. 핀란드를 대표하는 문화유산으로 유네스코 문화유산으로 등재되었다.

마지막 일정은 핀란드 사우나다. 어렵게 물어물어 찾은 사우나는 도심 외곽에 있는 전통 스타일의 코띠하르윤이다. 자작나무를 태운 열로 돌을 굽고 그 위로 물을 부어 나오는 증기로 몸을 데워 땀을 낸다. 그리고 자작나무 다발을 찬물에 담가 아로마 향을 낸 후 사정없이 몸에 자국나도록 내려쳐야 한다.

▲ 핀란드 사우나

▲ 시벨리우스 파이프 조형물

▲ '헬싱키의 강화도'로 불리는 수오멘린나 요새

스칸디나비아 반도에서 발트해를 따라

• 에스토니아, 라트비아. 리투아니아 •

파스텔톤의 목조건축물로 덮인 탈린, '발트해의 진주'라고 불리는 리가, '발트해의 베르사유 '룬달레 궁전'과 '물 위의 궁전' 트라카이 성을 지나 러시아령의 고립영토 칼리닌그라드로 간다. 이제 유럽으로 깊숙이 들어간다.

🚗 에스토니아, 라트비아, 리투아니아

에스토니아의 수도 탈린Tallinn의 구시가지는 붉은 지붕과 밝은 파스텔톤 벽의 중세 건물로 가득 찼다. 화려하지도 강하지도 않은 콘트라스트로 소박하고 정겹다.

라에코야 플라츠Raekoja Plats에 있는 탈린 시청은 1404년 북유럽에서 지어진 가장 높은 건물이다. 요새 성곽의 꼭대기에 노천카페가 있는데 한 사람 겨우 다니는 돌계단을 올라가야 한다. 성안이 훤히 보이는 카페에서 시원한 맥주로 목을 축였다. 유적을 울타리에 가둬 둘 것이 아니라 사람 발길이 닿도록 하는 것도 괜찮다는 생각이 든다.

다음으로 톰페아Toompea 언덕에 올랐다. 1989년 8월 23일, 에스토니아, 라트비아, 리투아니아 등 100만 명이 넘는 국민이 소비에트 연방으로부터 독립을 요구했다. 그리고 톰페아 언덕부터 리투아니아 빌뉴스Vilnius의 게디미나스 탑까지 600㎞의 인간띠를 이었다.

외곽에 있는 카드리오르그
Kadriorg 궁전과 공원을 찾았다.
러시아 표트르 대제가 에스토니
아를 정복한 후 바로크양식으로
지어 아내 예카테리나 1세에게
선물한 궁전으로, 지금은 미술
관으로 사용된다.

카드리오르그 궁전

동쪽 끝에 있는 국경도시 나르바Narva는 유럽에 진출하려는 러시아와 이를 저
지하려는 유럽 세력이 치열하게 충돌한 곳이다. 세계 전쟁사의 중요한 사건이었
다. 1581년부터 1704년까지 스웨덴은 러시아의 서진 팽창을 막기 위해 크리스트
라스발Kristlasvall 요새를 축조했고, 러시아는 당시 강자였던 스웨덴의 러시아 동진
을 막기 위해 이반고로드Ivangorod 성을 축조했다.

나르바. 크리스트라스발 요새

이윽고 남부로 향했다. 로맨틱 타운으로 불리는 빌잔디^{Viljandi}에 들렀다. 호수가 보이는 언덕에 자리한 2만 인구의 작은 도시로 오랜 역사를 지녔다. 13세기 중반부터 1932년까지 사용된 상점과 타운 홀을 중심 광장에서 볼 수 있으며, 지금도 주민들이 거주하고 있다.

▲ 라트비아 와 리투아니아 국경

주변 환경이 변한 듯해 길 가는 사람에게 물으니 여기는 라트비아^{Latvia}라고 한다. 긴가민가하여 에스토니아로 돌아갔다가 다시 나왔다. 이처럼 백번을 들락거려도 뭐라는 사람 없는 것은 솅겐협약국이기에 가능한 일이다.

라트비아는 발트 3국의 가운데에 있다. 1991년 에스토니아, 리투아니아와 함께 독립한 신생국으로 우리에게는 다소 생소한 국가다. 국경에 근접한 세시스^{Cesis} ^{Old Town}를 찾았다. 1209년도에 축조된 기록이 있는 고성으로 1577년 러시아 이반 4세에게 점령당했다. 시굴다^{Sigulda}에는 가우아^{Gauja}강을 중심으로 국립공원이 있

▲ 황제의자

▲ 수도 리가, 아르누보 건축물

다. 문화유적, 놀이시설, 체육시설을 갖춘 멀티 콤플렉스 공원이다. 가자 강이 내려다보이는 언덕에 '황제 의자'가 있다. 이반 4세를 위한 의자에 앉아 잠시나마 정복자의 기분이 어떠했을지를 느껴본다.

다음으로 수도 리가Riga로 갔다. '발트해의 진주'로 불리는 중세 무역의 중심지다. 세계 무역상들의 활발한 교역을 바탕으로 상업과 경제적 발전을 이룬 국제 교역도시였다.

올드타운의 상징인 베드로 성당은 리가 상인들의 기부금으로 건설되어 오늘에 이른다. 건축사에 새로운 장르를 연 아르누보Art Nouveau 건축은 리가의 자랑이다. 바로크, 로코코 등 기존의 패턴과 양식에 얽매이지 않은 진보된 형태의 건축양식이다.

▲ 체메리 국립 공원

▲ 발트해의 베르사유, 룬달레 궁전

체메리 국립 공원Kemeri National Park으로 핸들을 돌렸다. 여행 중에 이런 곳을 찾아내 경험하는 것은 커다란 행운이다. 손상되지 않은 습지, 유황 성분의 미네랄워터, 조류의 집단 서식지, 낙엽송의 산림지대를 가지고 있다. 구리시의 12배나 되는 381.65㎢의 면적이니 어마어마하다.

셀 수조차 없는 많은 습지호수가 있는 체메리는 자연생태계의 보고다. 발을 헛디디면 땅속으로 빠져버리는 늪지대를 보드워크 Board Walk를 따라 걸었다. 태고의 자연이 보여주는 경이로운 자아 생존에 놀라고 감탄했다.

▲ 도만타이 언덕

룬달레Rundale Palace 왕궁은 바우스카에서 12㎞ 떨어진 한적한 시골에 있다. 이탈리아 건축가 바르톨로메오에 의해 1736년부터 4년에 걸쳐 건축되었으며 '발트해의 궁전' 또는 '발트해의 베르사유'로 불린다.

라트비아 국경을 넘어 리투아니아Lithuania로 들어왔다. 국경과 가까운 곳에 십자가 언덕으로 유명한 도만타이Domantai 언덕이 있다. 약 10만 개의 십자가가 작은

붉은 벽돌 성 트라카이

언덕을 가득 채웠고 순례자와 참배객들이 지금도 십자가를 세운다. 십자가의 언덕이 언제 무슨 이유로 세워졌을까?

공식 홈페이지에는 1831년 주민 폭동이 일어났으며, 반란에 참여한 사람이 죽자 가까운 사람들이 그를 추모하기 위해 세운 데에서 유래한다고 소개한다.

수도 빌뉴스Vil'nyus에서 멀지 않은 트라카이Trakai는 14세기까지 리투아니아의 수도였던 유서 깊은 중세도시다.

호수 안에 있는 트라카이 성은 보물섬과 같은 곳이다. 붉은 성벽을 호수에 드리운 트라카이 성을 보기 위해 많은 여행자가 찾는다.

빌뉴스의 올드타운은 자체가 세계문화유산이라 할 만치 중세유적으로 가득하다. 빌뉴스 대학은 1579년 바로크양식으로 건축되었고, 발트에서 가장 역사가 깊은 대학이다. 근처에 있는 베드로 바울교회는 성당 안과 밖으로 2,000개의 성상을 세웠다. 성당의 벽체와 천정을 성화나 장식이 아니라 조각으로 가득 채운 것은 종교건축물에서는 처음 보는 것이다. 1668년부터 1674년에 걸쳐 바로크양식으로 건축했으며 이후 30년에 걸쳐 내부 인테리어를 했다.

수도 빌뉴스

▲ 쿠로니안 스핏

클라이페다^{Klaipeda}에서 카페리를 타고 가는 네링가의 작은 마을 스밀티네^{Smiltyne}는 '레크리에이션의 오아시스'다. 자전거, 모터사이클, 보트, 요트, 낚시, 수영, 버섯채취를 할 수 있는 천혜의 자연조건을 가진 모래사구다. 길이는 자그마치 200㎞에 가깝고 좁은 폭은 1㎞ 내외로 양쪽의 바다를 오가며 해수욕할 수 있다.

세계문화유산에 등재된 쿠로니안 스핏^{Curonian Spit} 모래톱은 장장 98㎞다. 5,000년 역사의 모래톱은 절반은 리투아니아, 나머지 반은 러시아의 고립영토 칼리닌그라드^{Kaliningrad}에 걸친다. 러시아 측의 사구가 리투아니아보다 멋있지만, 비자와 국경 통과 등의 번거로움으로 유럽여행자는 한 사람도 보이지 않았다. 칼리닌그라드 지역은 군사시설 보호구역으로 지정되어 사구와 길을 제외하고 모든 지역의 출입이 금지된다.

칼리닌그라드에 입성했다. 발트해를 앞에 두고 리투아니아와 폴란드로 둘러싸인 지역이 칼리닌그라드다. 당초 독일이 점령해 영토로 삼았으나 1945년 세계대전의 패망으로 승전국 소련에 빼앗겼다. 1991년 소비에트 연방이 해체되며 네링가는 리투아니아가 되었고, 칼리닌그라드는 러시아 영토가 되었다. 칼리닌그라드는 중무장 된 군사지역이다. 유럽 본토를 향하는 전략자산으로 인해 유럽이 불편해한다.

북해를 향해 중부 유럽으로

• 폴란드, 슬로바키아, 헝가리 •

탄탄한 중세 문명을 지닌 폴란드의 매력적인 도시 그단스크, 말보르크, 크라쿠프를 들르고 아우슈비츠 강제수용소에서 근 현대사의 질곡을 느낀다. 아름답고 푸른 도나우강이 휘감아 돌아나가는 헝가리 부다페스트의 세체니 다리를 건너 겔레르트 언덕을 올라 모딜리아니가 사랑한 여인 쟌느를 만났다.

칼리닌그라드 국경을 넘어 폴란드로 들어왔다. 국경에서 자동차등록증을 보여주니 껄껄대며 웃는다. "이게 자동차등록증입니까?" 자동차등록증이 제일 허접한 나라는 어디? 대한민국이다. 14개국의 국경을 통과하며 넣었다 뺐다 접었다 폈다 하니 종이걸레가 따로 없었다.

그단스크Gdánsk는 '발트해의 보석'으로 불리는 항구도시다. 10세기경 무역항이 되었고, 한자동맹에 가입함으로써 발트해 연안의 중요 항구가 되었다. 지금도 바다가 없는 내륙국가 체코, 헝가리, 슬로바키아, 벨라루스 등 동부유럽 국가의 수출입 창구 역할을 하는 국제 항구도시다. 폴란드인에게 어디를 제일 가고 싶냐고 물으면 그단스크라고 말한다. 올드타운의 잘 보존된 주거지와 종교건축물을 돌아보면 그단스크가 얼마나 매력적이고 볼거리가 많은 도시인지 알게 된다.

그단스크를 대표하는 건축물은 14세기경 160여 년에 걸쳐 완성한 성모 마리아 바실리카Basilica of St. Mary성당이다. 브릭으로 건축한 세계 최고로 큰 규모의 고딕 대성당이다. 석재가 아닌 벽돌을 사용하여 지은 건축물은 당시 설계수준으로서는 획기적인 신기술이었다.

▲ '발트해의 보석' 그단스크

🚗 종교적 중세와 합리적 근대, 그리고 현대 민주주의
- 폴란드의 인물 탐방

 1966년, 그단스크에 있는 레닌 조선소에서 전기공으로 근무하던 바웬사는 동유럽에 몰아닥친 민주화 물결을 타고 자유노조연대 위원장이 되어 민주화 투쟁에 앞장섰다. 1983년 노동자로서는 처음으로 노벨평화상을 수상했으며 1990년 대통령이 되었다. 그리고 퇴임 후에는 국민에게 약속한 대로 다시 일터로 돌아갔다.

 말보르크Malbork를 찾았다. 1272년 독일기사단은 노가트 강변을 따라 성곽을 쌓고 요새를 만들어 수도원, 성당, 시청 등의 건물을 건설하고 주도로 삼았다. 1309년, 수도를 베네치아에서 말보르크로 옮겼을 정도니 수도원 규모와 전략적 중요성은 미루어 짐작할 만하다. 유럽최강의 요새로 3,000명이나 되는 사람이 거주했으니 독일기사단 조직의 방대함은 이루 말할 수 없다.

▲ 말보르크 요새

▲ 노가트 강변에 지어진 말보르크 요새   ▲ 전통 복식의 튜튼 기사단

  그리고 200년의 점령 기간 후 독일기사단은 요새를 떠났다. 지금은 세계적 명소가 되어 많은 관광객이 찾는다.

  수도 바르샤바Warsaw에는 만날 사람이 많다. '피아노의 시인'으로 칭송되는 작곡가 쇼팽Chopin, 폴란드 출신의 프랑스 과학자 마리 퀴리Marie Curie, 지동설을 주장한 천문학자 코페르니쿠스Copernicus, 자신의 십자가를 사랑으로 승화시킨 교황 요한 바오로II세John Paul, 모두 폴란드 태생이다.

  십자가 성당은 쇼팽의 심장이 묻혀 있는 곳으로 유명하다. 39세의 이른 나이에 파리에서 타계한 쇼팽의 시신을 폴란드로 가져오는 것이 여의치 않자 그의 심장

▲ 제264대 교황 요한 바오로 2세   ▲ 작곡자이자 피아니스트 쇼팽

을 가지고 와 성당에 안치했다. 폴란드 국민의 쇼팽에 대한 사랑과 자부심은 대단하다. 시내 곳곳에는 쇼팽 의자가 설치되어 시민에게 쉼터를 제공한다. 의자에 있는 버튼을 누르면 쇼팽의 피아노 교향곡이 연주된다.

▲ 천문학자 코페르니쿠스

▲ 물리학자, 화학자 마리 퀴리

성당 좌측 광장에는 하늘이 돈다는 당시의 상식을 깬 천문학자 코페르니쿠스 동상이 있다. 지구가 돈다는 학설을 내놓자 많은 사람은 그를 제정신이 아닌 사람으로 보았다. 생각의 벽이던 천동설을 깨뜨리고 지동설을 주창한 코페르니쿠스는 우리에게 종래의 관습과 타성에서 벗어나라고 충고한다.

올드타운 프레타Freta 16번지에는 마리 퀴리 박물관이 있다. 노벨 물리학상을 남편과 공동 수상하고 노벨 화학상을 수상한 마리 퀴리는 프랑스에서 활동했지만, 조국 폴란드에 대한 관심과 사랑이 지대했다. 방사능 연구의 기초를 마련하고 원자력 시대를 태동하게 한 마리 퀴리는 1934년 방사능에 과다 노출되어 사망했다.

🚗 아우슈비츠 강제수용소, 유대인 홀로코스트

제2차 세계대전에서 가장 많은 피해를 입은 국가는 폴란드로 무려 600만 명의 인명피해를 입었다.

1939년 독일 나치는 폴란드를 침공하고 크라쿠프의 작은 도시 오쉬비엥침Óswiecim에 강제수용소를 설치했다. 1942년 3곳의 강제수용소를 완비한 독일 나치는 유대인을 말살하기 위해 인종대학살Holocaust을 시작했다. 당시 폴란드 점령군 총책임자 한스 프랑크 장군은 이렇게 말했다. "유대인들은 전부 멸종시켜야 할 인종이다"

▲ 강제수용소 아우슈비츠

▲ 홀로코스트

열차에 실려 강제수용소로 이송된 어린이, 노약자, 환자를 가스실로 보내 독살했으며, 일반인은 강제노역에 동원한 후 2개월을 전후로 가스실에서 살해하고 시체를 소각했다. 아우슈비츠에서 처형된 130만 명 중 유대인이 110만 명이다. 그리고 약 15만 명의 폴란드인과 2만 3천 명의 이탈리아 집시, 1만 5천 명의 소련군과 다국적 포로가 포로수용소에서 학살되었다. 나치는 포로의 90%를 가스실에서 독살하고 소각로에서 태웠다. 강제수용소에는 오케스트라도 있었다. 일하러 가는 수용자의 발을 맞추고 인원수를 카운트하기 위해 행진곡을 연주했다. 마침

▲ 20세기 잔인한 역사로 기록된 아우슈비츠 강제수용소

내, 1945년 1월 27일, 소련군의 공격으로 아우슈비츠가 세상에 그 모습을 드러냈다. 전쟁 종말을 예견한 나치 친위대는 수용소 내의 가스실과 소각로, 각종 문서를 소각하고 다이너마이트로 건물을 폭파하여 증거를 훼손했다. 다행스럽게도 소련군이 예상보다 빨리 도착해 수용소 건물과 막사 일부가 파괴되지 않고 남았다. 1947년 폴란드 의회는 아우슈비츠를 국립박물관으로 보존하기로 했다.

20세기에 인간이 인간에게 저지른 잔인한 역사로 기록된 아우슈비츠 강제수용소, 그러나 이후로도 이념과 인종 대립을 이유로 세계 도처에서 대량 학살이 일어났다.

"길을 가다가 사람과 호랑이를 만나거든 사람을 더 무서워해라." 인류사의 가장 잔혹했던 참사가 중세도 아닌 20세기 중반에 일어났다. 가슴이 먹먹하고 마음이 아프다. "과거를 기억하지 않는 사람은 그것을 반복하는 죄를 짓는 것이다."라는 말이 뇌리에 박혔다.

비엘리치카 소금광산^{Wieliczka} Salt Mines으로 이동했다. 암염 광산으로 13세기부터 채굴을 시작하여 지금까지 사용된다. 갱도 길이만도 300㎞가 넘으며 일반인에게 공개하지 않는 곳이 2,000개소가 넘는다니 그 규모에 놀랐다. 채굴된 소금은 폴란드

▲ 비엘리치카 소금광산

왕실을 지탱하는 중요한 자금원이었다.

광부들은 채굴이 끝난 갱도에 성당을 만들어 종교 생활을 하고, 운동장을 만들어 체육 활동을 했다. 그리고 성인의 동상을 조각하고, 수심 9m의 호수를 조성했다. 아울러 샹들리에를 소금으로 만들어 천장과 벽에 달았다. 내부에는 수백 명을 수용하는 뷔페식당과 스낵코너, 콘서트홀이 있다.

쳉스토호바^{Czestochowa}에 들렀다. 폴란드 인구의 90%가 로마 가톨릭 신자다. 따라서 단일 종교에 의한 국민적 정서의 일치가 폴란드의 큰 강점이다. 야스나고라 수도원^{Jasna} Gora Monastery에 있는 검은 성모상을 보기 위해 매년 500만 명 이상의 천주교 신자가 찾는다. 1430년, 성모화를 훔쳐 달아나던 후스파 일당의 한 명이 마차가 움직이지 않자 성모

▲ 검은 성모상

화를 칼로 내리쳐 성모 마리아의 얼굴에 두 줄의 상처를 남겼다. 이후 많은 화가가 성모화의 상처를 없애기 위해 작업했으나, 매번 상처가 다시 나타나 오늘에 이른다.

옛 수도 크라쿠프Krakow는 바르샤바로 수도를 옮기기 전까지 폴란드의 정치, 문화, 종교의 중심이었다. 광장의 노천카페는 차를 마시며 대화와 사색을 즐기는 사람으로 가득하다. 크라쿠프는 세계대전 당시 폴란드를 점령한 나치의 주둔지였던 이유로 많은 유산이 전쟁 상흔을 입지 않고 보존될 수 있었다.

바벨Wawel성은 시내 중심을 관통하는 비스와 강이 보이는 언덕 위에 세워졌다. 서기 1000년에 크라쿠프 대주교의 명으로 건축되기 시작해 16세기까지 증축을 거듭했다. 로마네스크, 고딕, 바로크양식이 혼재되었으며, 요한 바오로 2세가 로마 가톨릭 교황으로 선출되기 전에 대주교로 봉직했다. 요한 바오로 2세는

▲ 바벨 성

▲ 바벨성의 종탑 꼭대기에 지그문트 종이 있다.

1978년 비(非)이탈리아 출신으로는 드물게 교황에 선출됐으며, 바웬사가 이끈 자유 노조에 지지를 보내 폴란드 민주화에 크게 기여했다.

바벨성의 종탑 꼭대기에 지그문트 종이 있다. 직접 보고 손으로 만지면 행운이 찾아온다는 전설이 있다.

폴란드에서 마지막으로 들른 도시는 자코파네^{Zakopane}다. 노르웨이를 떠나 스웨덴, 핀란드, 발트 3국을 지나는 동안 산을 보지 못했다. 남부도시 자코파네에 와서야 산을 만났다. 산에 오래 머물면 평야가 그리워지고, 평지에 있다 보면 숲과 나무가 있는 산이 보고 싶은 게 변덕스러운 사람의 마음이다.

슬로바키아 국경에 근접한 자코파네는 1993년, 2001년 두 차례 동계 유니버시아드가 열린 겨울 스포츠의 메카다. 케이블카를 타고 구름으로 덮인 산을 올랐다. 케이블카는 바닥 면적이 5평으로 관광버스 1대에서 내린 여행자를 한꺼번에 처리할 수 있는 세계 최대의 규모다.

▲ 폴란드 최남단 자코파네 가는 길

"삶이 힘들 때는 자코파네를 찾는다."

현지인의 이야기다. 다음 행선지는 슬로바키아다.

🚗 체코슬로바키아, 체코와 슬로바키아의 동상이몽

1993년, 슬로바키아 의회의 독립 선언으로 체코슬로바키아는 체코Czech와 슬로바키아Slovakia로 분리되었다. 서로 달랐던 종교와 지역 경제의 불균형이 서로 깔끔하게 헤어진 이유다.

▲ 바르데요프 도시보전지구

바르데요프 도시보전지구Bardejov Town의 북쪽 광장에는 15세기에 축조된 성 이기디우Basilika of St. Egidious 교회가 있다. 유니크한 르네상스양식의 타운홀을 중심으로 화려하게 장식한 2층의 호화주택Gantzughof이 구도심을 가득 채웠다. 이 도시는 형가리와 폴란드로 가는 무역로에 위치하여 14세기 중반까지 성장을 거듭했으나 농

레보차 스피슈 성

▲ 브라티슬라바 요새   ▲ 브라티슬라바 구시가지 중심

촌지역으로 전락하며 퇴보했다. 평야가 내려다보이는 언덕 위로 도드라지게 서 있는 레보차 스피슈Levoca Spissky 성은 12세기 타타르족의 침입을 막기 위해 축조되었다.

반스카 슈티아브니차Banská Štiavnica는 청동기 후기부터 광석을 채굴한 기록이 있는 광업도시로 18세기 합스부르크 제국 당시 귀금속과 광업의 최고 중심지였다. 도시에는 기술자와 야금술사가 몰려와 올드타운이 형성되고 주변으로는 요새가 건설됐다. 트리니티 광장을 중심으로 시청, 성 카트리나 교회, 성 마리아 교회, 도미니크 수도원과 중세가옥이 있다.

수도 브라티슬라바Bratislava에 도착했다. 브라티슬라바 요새는 대표적 볼거리지만 역사성과 건축 양식, 보존 및 복원 등에서 많이 부족하다. 올드타운의 메인 광장을 돌아 뒷길로 가면 유명한 추밀

▲ 추한 모습의 나폴레옹

Cumil 동상이 있다. 길바닥에 있는 맨홀 뚜껑을 열고 지나는 사람을 엿보는 추한 모습의 조형물은 이곳을 정복한 프랑스 나폴레옹을 비하하기 위해 설치되었다.

🚗 슬로바키아는 '유럽의 카자흐스탄', 넘쳐나는 경찰들

유럽의 도심은 복잡하다. 내비게이션이 에러를 많이 내는 도로 정보가 일방통행과 진입금지 항목이다. 맵스미는 절대로 들어가서는 안 되는 트램 전용차선으로 우리를 안내했다. 모하비는 레일 위를 전차와 함께 달렸다. 주변을 둘러보니 쳐다보는 사람들의 시선이 따갑다. 잠시 후 경광등을 울리며 순찰차가 따라왔다. 경찰관은 중대한 위반이라고 하며 인정사정없이 범칙금 고지서를 발부하고 현장 납부를 요구했다. 교통경찰관은 한눈에 봐도 신입인지라 계속 상부와 무전으로 고신하며 일처리를 했다. 요행을 바라는 심정으로 유로가 있음에도 없다고 하니 경찰관은 근처에 있는 ATM으로 우리를 안내하는 친절을 베풀었다.

부다페스트

🚗 아름답고 푸른 도나우 강, 화려한 야경의 헝가리 부다페스트

헝가리 수도 부다페스트, 7개 국가와 국경을 맞댄 헝가리는 예로부터 바람 잘 날이 없던 역사를 가졌다는 점에서 우리와 비슷하다. 몽골, 터키, 오스트리아, 독일, 소련이 마치 자기 집인 양 헝가리를 들락거렸다.

▲ 겔레르트 언덕

겔레르트^{Gellert}언덕을 씩씩거리며 오르니 도심을 휘감아 돌아 나가는 도나우 강 위로 놓인 세체니^{Szechenyi}다리가 보인다. 언덕 위의 시타델라^{Citadella}요새는 오스트리아의 합스부르크 왕조가 헝가리를 지배하고 통치하기 위해 세웠으며, 옆에 있는 자유의 여신상은 소련군의 승전을 기념하기 위한 것이다.

왕궁에서 이탈리아 화가 모딜리아니^{Modigliani}의 작품전이 열리고 있었다. 연인 쟌느를 만나 그녀 부모의 반대에도 결혼을 감행한 모딜리아니는 1920년 결핵으로 피를 토하고 죽는다. 그녀도 발코니에서 임신 9개월의 몸을 던져 생을 마감하며 애절하고 애

▲ 모딜리아니 작품

틋한 러브스토리를 이 땅에 남겼다. 모딜리아니의 작품을 통해 그가 사랑한 쟌느를 만난다. 그는 단순한 표현을 통해 여성의 긴 목을 유난히 강조했다. 그래서 애절해 보이고 관능적이다.

우연히 만난 모딜리아니를 뒤로하고 어부의 요새로 갔다. 1800년대 어부들이 도나우 강을 도강하는 적을 막기 위해 세운 요새를 복원했다고 하는데, 너무 현대적이라 실망스럽다. 세체니 다리를 건너면 페스트 지역이다.

▲ 세체니 다리

고딕 양식으로 축성된 성 이슈트반St.Istvan Bazilika 대성당은 수수한 외관이지만 내부는 황금으로 치장하여 사치스럽고 화려함이 극치에 달한다.

국회의사당 앞에 있는 코슈트Kossuth광장은 1850년대 오스트리아로부터의 독립을 위해 평생을 바친 독립투사 코슈트의 이름으로 헌정됐다. 그리고 1956년 노동자, 지식인, 학생, 시민이 공산당 독재에 저항한 헝가리 혁명이 코슈트 광장에서 일어났다. 하지만 소련군이 탱크를 동원해 무력진압에 나서며 혁명은 실패로 돌아갔다.

▲ 코슈트 광장

▲ 세체니 온천

냉전 시기 동구권에서 발생한 민주화운동 중 가장 많은 3,000명이 사망하고 실종됐다.

헝가리는 온천으로 유명하다. 부다페스트에는 역사가 있는 고풍스러운 세체니 온천이 있다. 국왕의 만찬 초대장을 들고 왕궁에 들어가는 느낌으로 입구에 들어서면 어마어마한 크기의 온천이 나타난다.

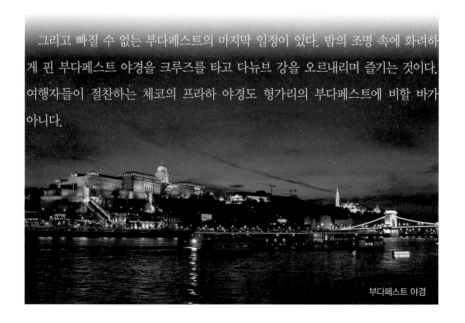

그리고 빠질 수 없는 부다페스트의 마지막 일정이 있다. 밤의 조명 속에 화려하게 핀 부다페스트 야경을 크루즈를 타고 다뉴브 강을 오르내리며 즐기는 것이다. 여행자들이 절찬하는 체코의 프라하 야경도 헝가리의 부다페스트에 비할 바가 아니다.

부다페스트 야경

발칸반도 1

유럽의 화약고에서 평화의 싹을 피우기까지

• 슬로베니아, 크로아티아, 보스니아 •

김일성 주석도 머물다간 블레드 호수는 지상낙원이다. 포스토니아 동굴, 플리트비체, 두브로브니크의 경치와 경관은 놀랍도록 아름답다. 아드리아해를 따라 달리는 베스트 드라이빙, 최악의 홀로코스트가 일어난 스타리모스트에 오르니 성당의 종소리와 코란 낭송하는 소리가 들린다.

▲ 옛 유고슬라비아 연방 국가

발칸반도, 과거 유럽의 화약고로 이름난 지역. 특히 슬로베니아라는 나라를 이해하려면 옛 유고슬라비아를 떠올려야 한다. 민족과 종교가 서로 다른 국가의 연방체였던 유고슬라비아에는 카리스마 넘치는 강력한 지도자이자 종신 대통령 티토^{Tito}가 있었다.

당시 사회주의를 표방했음에도 소련의 통제와 간섭을 받지 않고 독자적 생존의 길을 모색한 비동맹 세력의 주도적 역할을 한 연방국가가 유고슬라비아이다. 슬로베니아, 크로아티아, 마케도니아, 보스니아, 세르비아, 코소보, 몬테네그로가 유고슬라비아 연방이었다.

그러나 절대 군주에 버금갔던 일당독재의 권력은 허망하기 이를 데 없었다. 1980년 종신대통령 티토의 갑작스러운 사망 이후 삐걱대던 연방의 구성 국가들은 1991년 이후 유고슬라비아 연방에서 탈퇴하고 독립했다. 가장 먼저 분리 독립한 국가는 슬로베니아, 크로아티아, 마케도니아로 나름 독자생존이 가능한 나라였다. 그중의 한 나라 슬로베니아로 들어왔다.

🚗 하늘에는 천국, 지상에는 알프스의 눈동자 블레드 호수

알프스 빙하에서 흘러든 물을 담는 블레드^{Bled} 호수의 물빛은 에메랄드보다 진하다. 쭉 뻗은 전나무 숲을 두른 호수 안에는 블레드 섬이 있다.

섬 언덕에 있는 성모승천 교회 오르는 계단은 신부를 안고 올라가야 평생 행복하다는 소문이 국제적으로 퍼져있어 갓 결혼한 신랑들이 신부를 안고 오르느라

진땀을 뺀다. 설상가상으로 숨소리도 내지 않아야 하는 독한 요구사항이 추가되어 신랑을 기진맥진하게 한다. 교회 안으로 가면 종탑의 종을 울릴 수 있는 줄이 내려와 있다. 세 번 만에 종을 치면 소원을 이룬다는 소문으로 온종일 댕댕거린다.

▲ 블레드 호수

호숫가에는 북한 김일성 주석이 비동맹회의에 참석하고 머물렀던 전 유고연방 티토 대통령의 별장이 있다. 김일성은 블레드 호수에 매료되어 예정보다 2주일을 더 머물다 평양으로 돌아갔다. 별장은 지금 호텔로 용도 변경되어 원하는 누구나 이용할 수 있게 되었다. 북한 김일성도 감탄했다는 블레드 호수의 아름다움은 더 말할 나위가 없다.

▲ 티토 유고연방 대통령 별장

포스토니아Postojna 동굴은 세계에서 두 번째로 긴 석회암 동굴이다. 현재도 석회석에 의한 석순과 석주가 생성되는 카르스트 지형으로, 전체 21㎞ 중에서 5㎞가 관광객에게 개방되어 있다. 석순이 1㎜ 자라는 데 10년이 걸린다고 하니 1m 길이의 종유석을 만들어낸 세월 앞에 숙연해진다. 석회석이 녹아내린 물웅덩이에는 이곳에만 서식하는 도롱뇽과의 올름Olm이 있다.

포스토니아 동굴

프레야마 성

동굴을 나오면 프레야마 성Predjama Castle으로 가는 무료 셔틀버스가 있다. 무료
는 무조건 가 봐야 한다. 실제는 포스토니아 입장권에 다 포함되어 있는 금액이
다. 성은 적을 방어하기 위해 절벽에 절묘하게 붙여 지었고, 성당, 지하 감옥, 창
고, 연회장, 무기고 등 장기간에 걸쳐 고립된 생활을 할 수 있도록 완벽한 시설을
갖추었다.

다음으로 슬로베니아의 수도 류블랴나Ljubljana로 간다. 류블랴나 강을 지나는 유
람선은 드래곤 브리지 아래를 지난다. 이 드래곤이 바로 그리스, 로마 신화의 이아
손이 아르고 원정대를 꾸려 황금양털을 찾으러 가는 중에 죽였다는 용이다. 3개의
다리가 붙을 듯이 가까운 트리플 브리지 인근에는 17세기 바로크 양식으로 지어진
성 프란치스코 성당이 있다. 성당에서 프로포즈를 하면 영원한 사랑을 이룬다 하
여 손을 맞잡은 남녀의 발길이 끊이지 않는다. 뒤쪽으로는 류블랴나 성이 있다. 도
시를 붉게 물들이며 떨어지는 해넘이를 보기 위해 많은 사람이 성을 오른다.

🚗 발칸반도의 화마와 폭격 속에서도 지켜진 아름다움, '두브로브니크'

크로아티아의 수도 자그레브에는 반엘라치Ban Jelacic광장이 있다. 바자르를 지나 언덕을 오르면 자그레브 대성당이 나온다. 성당은 두 개의 첨탑을 가지고 있는데 희한하게도 높이가 서로 다르다. 하나는 '악마보다 더 무서운 민족'이라고 불린 타타르가 1242년에 침입한 이후 보수한 것이고, 다른 탑은 1880년 지진으로 복구했는데, 예전과 동일하게 복원하지 못했으며 높이까지 달라졌다. 구도심에는 눈에 띄게 두드러진 모자이크 지붕을 가진 성 마르코 성당이 있다.

성 마르코 성당

자그레브에서 2시간 거리에 있는 플리트비체Plitvička로 간다. 석회암의 침식지형으로 층층의 수로를 따라 16개의 크고 작은 호수와 90개의 자연폭포가 있다.

아드리아 해를 따라 남쪽으로 내려가면 자다르, 시비니크, 스플리트, 두브로브니크 등 고대 도시가 해안을 따라 연이어 나타난다.

▲ 두브로부니크   ▲ 유럽인들이 최고로 동경하는 휴양지

크로아티아는 700년 이상에 걸쳐 구 로마의 오랜 지배를 받았다. 로마황제 디오클레티아누스가 여생을 보내기 위해 305년 건설한 스플리트Split 요새는 두브로브니크보다 낫다는 평가를 받는다. 해안을 따라 전개되는 도시는 모두 그림 같은 산수를 가지고 있다.

두브로브니크로 가려면 보스니아에 잠시 들어갔다 나와야 한다. 민족 거주지를 기준으로 국가를 분할하다 보니 불합리하게 국경선이 그어진 것이다. '아드리아 해의 진주'라는 닉네임을 가진 두브로브니크Dubrovnik는 요새의 완성판으로 유럽인이 사랑하는 최고의 휴양지다. 유고슬라비아 내전으로 발칸반도가 화마에 휩싸였어도 "거기만은 안 된다."라며 피아의 폭격이 자제되었다.

유고슬라비아 연방공화국의 약화, 분열, 해체의 과정을 통해 발칸반도에는 대량살상을 수반한 피의 내전이 일어났다. 세르비아계와 타민족 간의 무력 충돌은 수십만 명의 희생자를 가져왔다. 유적, 가옥, 건물, 종교시설은 파괴되고 부서졌다. 박물관에는 내전으로 희생된 수많은 젊은이의 사진이 걸려있다. 천혜의 아름다움을 가진 두브로브니크에도 이런 아픈 역사가 있었다.

홀로코스트 이후 최악의 인종청소가 자행된 비극적인 역사의 현장

▲ 스타리모스트

보스니아 헤르체고비나, 모스타르Mostar에 있는 스타리모스트Starimost다리는 1993년 내전 당시 모스크 사원과 함께 파괴됐다. 그리고 2004년, 강물에 떨어진 파편 1,088개를 건져 올려 복원했다. 다리 위에는 'Don't Forget 1993'이라는 표석이 있다.

1993년에 무슨 일이 있었을까? 모스타르는 유대인의 홀로코스트 이후 최악의 인종청소가 일어난 비극적인 역사 현장이다. 400만 명의 인구를 가진 보스니아는 다민족과 다종교 국가였다. 인구의 48%가 이슬람을 신봉하는 보스니아계

고, 37%가 세르비아 정교를 믿는 세르비아계다. 14%의 크로아티아계는 가톨릭이었다. 1991년 보스니아는 보스니아와 크로아티아계가 주도하는 국민투표에 의해 유고슬라비아 연맹으로부터 독립을 선포했다. 그리고 EU와 UN은 기다렸다는 듯이 보스니아 독립을 승인했다. 독립을 반대한 세르비아계는 세르비아로부터 군사 지원을 받아 1992년 5월 수도 사라예보에 대한 폭격을 시작함으로써 3년 8개월의 보스니아 내전으로 돌입했다. 유엔 평화유지군이 파견됐지만, 내전은 쉽게 종식되지 않았다.

▲ 1993년, 인종 학살된 사람들이 묻혀있는 공동묘지

　미국과 러시아 등 강대국들의 이해관계가 서로 달랐다. 미국과 EU는 보스니아계, 러시아는 세르비아를 지원했다. 유엔 평화유지군이 타는 장갑차는 한국에서 수출했으며 지금도 길 위에서 볼 수 있다. 보스니아 내전의 결과는 참혹했다. 세르비아계가 보스니아계에 가한 인종청소로 25만 명 이상이 희생되고 230만 명의 난민이 발생했다. 살상, 강간, 방화가 도처에서 발생했으며 도시는 완전히 파괴됐다. 당시 세르비아 대통령 밀로셰비치는 인종청소를 자행하여 '발칸의 도살자'라는 악명을 얻었으며 후일 국제형사재판소에서 전범 재판을 받던 중 감옥에서 사망했다.

　스타리모스트에 오르면 좌측에서는 성당의 종소리, 우측에서는 스피커로 낭송되는 코란이 들린다. 세계 어디서도 보기 드물게 인종과 종교가 충돌하는 이념의 다리다.

　모스타르에서 가까운 곳에 성모 발현지 메주고리예Medugorje 성지가 있다.

　1981년, 여섯 명의 아동이 메주고리예 언덕에서 성모님을 보았다 하여 주목받은 후 순례자의 발길이 끊이지 않는다. 고해소에서는 여러 나라에서 온 순례자를 위해 다국적 언어로 고해성사가 이루어지며 한국인 신부도 계신다. 모스타르에서 종교와 인종 간의 갈등과 참상을 보았다면, 메주고리예에서는 사랑과 평화의 메시지를 들었다.

▲ 성모 발현지 메주고리예

다른 민족과의 화해와 공존, 그리고 다른 종교와의 사랑과 평화는 인류가 존재하는 한 불가능한 것일까? 종교와 민족이라는 이름으로 자행되는 미움과 증오, 그리고 폭력과 테러가 사라지기를 바라며 다음 나라로 간다.

아드리아해를 따라 남으로

· 몬테네그로, 알바니아. 코소보, 북마케도니아 ·

아드리아해의 코토르 만을 따라 아름다운 해안도로가 절경이다. 알바니아에서는 영화 〈테이큰〉에
나오는 악당이 아니라 착하고 친절한 사람을 만났다. 파란만장한 굴곡의 역사를 가진 코소보의 씩
씩한 미래를 보고 발칸반도에서 가장 아름다운 오흐리드 호수에 들렀다.

🚗 발칸의 검은 땅, 몬테네그로

'검은 땅'이라는 뜻의 몬테네그로는 65만 명의 인구를 가진 작은 나라다. 유고슬라비아 연방이 해체되자 세르비아와 함께 신유고연방을 구성했다. 그리고 2006년 뒤늦게 독립한 신생국이다. 많은 유럽인은 사람 많고 복잡한 두브로브니크보다 몬테네그로를 더 선호한다. 아드리아해에서 내륙으로 깊숙이 파고들어 온 코토르Kotor 만의 도시 코토르에 도착했다.

코토르

올드타운에는 성 니콜라스 교회와 동방 정교회, 루가 성당이 있다. 비좁은 골목 사이를 빠져나가면 항구로 연결된다. 부드바Budva를 경유해 알바니아로 간다.

🚗 가난한 유럽의 공산국가에서 자유로운 이슬람 민주국가로, 알바니아

알바니아는 북한과 오랫동안 좋은 관계를 유지한 국가다. 반면 우리는 알바니아를 여행금지 국가로 분류했으며 민주화가 이루어진 1992년에 와서야 해제했다.

▲ 수도 티라나

수도 티라나는 의외로 차분하고 조용했다. 이슬람교가 대세임에도 히잡을 착용한 여성이 별로 없었고 카페에서는 자유롭게 음주가 가능했다. 곳곳에 붙어있는 선동성 포스터나 구호가 눈에 띈 것을 빼면 유럽의 어느 중소도시와 다를 바 없다. 밤은 화려했고 번화가에서 가족과 친구들이 모여 식사하며 담소하는 모습은 유럽의 평범한 도시와 마찬가지다.

알바니아에 간다고 했을 때 많은 사람이 위험하지 않냐고 걱정했지만, 기우에 불과했다. 쿠루여Krujë에서는 친절하게 가이드를 해 준 현지인을 만났다. 그의 안내를 받아 크루여성과 무라드 베이 모스크Murad Bey Mosque에 들렀다. 계단을 내려가 들어간 어두운 동굴은 제사 제물로 쓰이는 어린 양을 죽이는 이슬람교도들의 신성한 장소다.

▲ 쿠루여성

🚗 푸른 하늘과 들판, 그리고 붉은 지붕의 대비, 코소보

세르비아의 자치주로 있던 코소보는 2008년 2월 독립했다. 인구의 약 82%가 알바니아계로, 세르비아와의 분쟁과 충돌이 끊이지 않았다. 1998년 독립을 요구하는 알바니아 반군들이 세르비아 경찰을 공격하며 코소보 사태가 시작됐다.

국립도서관

이후 세르비아는 코소보를 침략하고 알바니아 반군과 주민을 대거 학살하는 인종청소를 감행했다. 당시 1만 5천 명의 알바니아계가 학살되었으며 30만 명의 알바니아인이 보스니아와 마케도니아로 피신했다. 지금도 일부 학교는 알바니아계와 세르비아계가 서로 다른 교실에서 공부한다.

수도 프리슈티나Pristina는 어느 유럽 도시와 다르지 않았다. 깔끔하며 정돈되고 활기찬 모습에서 인종사태를 겪었다는 것을 떠올리기 쉽지 않았다. 프리슈티나의 랜드마크는 도서관이다. 이렇게 파격적으로 실험적인 건축물은 어디서도 보기 힘들다.

마더 테레사 성당과 동상을 찾았다. 국가탄생을 기념하는 조형물Newborn Monument도 인상적이다.

호텔 데스크의 여직원이 두 곳의 볼거리를 추천했다. 미슈라 폭포Mishura Waterfall & Canyon로 가는 길은 높고 푸른 하늘, 넓고 풍요로운 들판, 붉은색 고깔 지붕의 단아한 주택이 어울려 마치 스위스의 어디쯤에 온 듯하다. 먼지 뒤집어쓰고 덜컹대는 비포장의 불편을 감내해야 했지만, 폭포와 계곡의 풍광은 기대 이상이었다.

그리고 북마케도니아 가는 길에 있는 가디메 동굴Gadime Cave에 들렀다.

미슈라 폭포

🚗 알렉산더 대왕의 후예, 북마케도니아

그리스 사람들은 그리스 북동부의 지방명을 마케도니아라고 부른다. 하지만 북동부 국경 밖에는 마케도니아라는 나라가 따로 있었다. 마케도니아가 그리스에도 있고, 또 다른 나라이기도 한 이 혼란스러운 국명 문제로 그리스와 마케도니아는 다툼을 지속했다. 그러다가 2019년에 양국은 합의했고, 마케도니아의 국명을 북마케도니아로 변경했다.

▲ 마더 테레사 수녀

수도 스코페Skopje에는 그리스 알렉산더 대왕의 동상이 있다. 로마 교황청으로부터 성인 칭호를 받은 테레사 수녀가 스코페 출신이다. 그런데 코소보와 알바니아는 테레사 수녀가 알바니아계이기에 자국민이라 한다. 이에 가세해 인도는 그녀가 수녀 생활을 인도에서 하다가 귀화했기에 인도인이라고 주장한다. 다 맞는 말이다.

발칸반도에서 가장 경치가 아름다운 호수 오흐리드Ohrid의 가운데로 북마케도
니아와 알바니아 국경이 지난다. 호수가 얼마나 큰지 호안의 도시 사이를 운항하
는 정기여객선이 있을 정도다. 가장 아름다운 경치를 볼 수 있는 곳은 성 야고보
성당으로 오흐리드를 소개하는 책자의 표지 모델이다.

절벽 위 성당 앞에서는 군더더기 없는 푸른 오흐리드 호수가 파노라마처럼 펼
쳐진다. 성벽 성문으로 들어가면 성 소피아 성당과 로마의 콜로세움을 본떠 만든
원형극장, 중세의 건축물이 번성했던 도시의 과거를 보여준다. 고대 오흐리드에는
365개의 성당이 있었다.

한편 불가리아로 가기 위해 경유한 그리스의 테살로니키Thessalonica는 도시 자체
가 고대 유적이다. 유럽 도시들이 올드타운을 중심으로 고대 유적을 보존하고 외
곽에 신도시를 건설한 것이 통상의 도시 형태라면, 테살로니키는 도시 전체가 유
적이라 할 만큼 고대 유물과 유산이 많았다.

성 야고보 성당

발칸반도 3

발칸반도에서 유럽의 중심으로

• 불가리아, 루마니아, 세르비아, 보스니아 •

릴라 수도원의 프레스코화를 보고 세계 최장수국 사람들이 먹는 음식을 먹었다. 루마니아에서 동화 속의 펠리체 성과 공포의 드라큘라 성을 지나 옛 유고연방 중심 세르비아로 간다. 1차 세계대전이 태동된 사라예보의 다리 위에서 근현대사의 질곡을 느꼈다. 대한민국 수립 후 처음으로 구기종목에서 우승한 기록이 1973년 사라예보에서 열린 세계탁구대회다.

불가리아에는 릴라 수도원Rila Monastery이 있다. 속세를 등진 은둔자 성 요한St. John이 10세기경 수도사와 신자의 수양과 교육을 수행하기 위해 깊은 산속에 설립했다.

통일된 자색 지붕과 하얀 외벽, 외벽을 수평 분할하는 검정 스트립, 처마의 아치형 회랑에 그려놓은 프레스코화가 단연 눈길을 끈다. 수도원 내외부에 가득 들어찬 1,200여 점의 프레스코화는 세계 어느 곳에서도 보기 힘들다.

수도 소피아로 이동했다. 소피아를 대표하는 네브스키Nevsky 대성당은 그리 오래지 않은 1900년 초반에 지은 건축물이다.

▲ 릴라 수도원

🚗 우리의 입맛에 맞는 불가리아 음식문화

토마토와 오이 등 야채를 넣은 전통 샐러드 샵스카Shoska, 전통주 라키야Rakiya, 질그릇에 끓여낸 찌개 귀베체Kebapche, 양념 고기구이 카바르마Kavarma, 그리고 요구르트에 마늘과 오이, 올리브유 등을 넣

▲ 장수 국가 불가리아의 음식

은 여름 보양식 수프 타라토르Tarator 등…, 불가리아의 화려하고 다채로운 전통 음식은 우리 입맛에 전혀 거부감이 없다.

소피아 센터를 자동차로 둘러보고 고속화도로를 달려 도착한 플로브디프Plovdiv는 제2의 중세도시다. 많은 민족의 침략과 통치를 거치고 불과 130여 년 전 불가리아에 편입된 도시로, 다민족과 다문화가 녹아있어 건축양식과 문화가 소피아와 사뭇 다르다. 올드타운을 걷노라면 사람 사는 주택을 빼면 모든 건물이 박물관이고 교회다. 언덕 너머의 고대극장은 지금도 오페라나 영화를 공연한다.

우연히 만난 불가리아 여인이 꼭 가보라며 친절하게 알려준 도시는 벨리코 타르노보Velico Tarnovo다. 제2의 아테네로 불리는 역사 도시로 도심 전체가 세계문화유산으로 지정되었다. 식사를 마치고 나오니 단속반이 타이어에 족쇄를 채웠다. 주차 위반 과태료를 현장 납부하고 풀려났다.

▲ 벨리코 타르노보, 제2의 아테네

🚗 동화 속 동심의 성, 루마니아의 펠리체

루마니아 독재자 차우셰스쿠Ceausescu는 1967년 집권 이후 북한 김일성 주석과 의형제를 맺고 북한식 공산주의를 루마니아에 접목하고자 했다. 그는 1989년 12월 21일 정부를 찬양하는 관제 군중대회를 개최했다. 연설 도중 10만의 군중이 그의 퇴진을 요구하자 탱크와 자동소총을 동원해 유혈로 진압했다. 그러자 분노한 민중은 들불같이 일어나 반정부 시위를 벌였다. 차우셰스쿠는 도망가다 잡혀 실각하고 부인과 함께 공개 총살당했다.

▲ 의회궁전

　수도 부쿠레슈티에는 커다란 왕궁이 있다. 차우셰스쿠 왕궁 또는 인민 궁전이라고 불리지만 'Parliament Palace'라고 쓰인 것을 보면 의회궁전으로 번역된다.

▲ 펠리체 성

북으로 달려 시나이아Sinaia에 있는 펠리체Pelisor성에 들렀다. 동화책 속의 그림에서 본 듯한 동심과 상상 속의 성이 현실에 있었다. 아름답기로는 이곳을 따를 성이 세상 어디에도 없다. 가이드 안내로 드레스실, 무기고, 레스토랑, 연회장, 침실을 둘러보는데 2시간 이상이 걸린다. 실내 역시 화려하고 사치스러운 것은 당연하다.

펠리체성 옆으로는 부인의 성이 있다. 카롤Carol왕이 부인을 미워해 별도의 성을 지어 살게 했다는 믿거나 말거나 한 이야기도 전해진다.

🚗 드라큘라 소설의 모티브, 루마니아 공국의 영주

브란Bran성으로 이동했다. 드라큘라 성으로도 불리는 이곳은 확실히 유명세를 치르고 있었다. 매표소부터 기다란 줄을 서야 했다. 드라큘라가 고문하는 데 사용했다는 의자는 별도의 입장료를 받는다.

▲ 브란성(밝게하면 충분히 괜찮을꺼 같습니다)

▲ 드라큘라가 피묻은 얼굴과 무기를 닦은 우물

드라큘라가 피 묻은 얼굴과 무기를 닦은 우물도 있는데, 역사도 스토리도 오늘을 사는 사람들이 지어낸 것이다. 허상의 드라큘라를 내세워 허구의 스토리텔링을 허무맹랑하게 지어내 허탈한 느낌이지만 허허실실 웃을만하다.

🚗 거짓말 다리, 사랑의 다리?

시비우Sibiu에 밤늦게 도착해 올
드타운에 있는 광장과 교회를 둘러
보았다. 거짓말 다리Liars Bridge가 있
다. 사랑하는 사람의 속마음을 알
려면 거짓말 다리로 가야 한다. 연
인이 거짓말하면 다리가 무너진다
고 하는데 아직도 멀쩡하다.

▲ 거짓말 다리

티미소아라Timisora는 세르비아 국경에 인접한 도시다. 중세 고전의 분위기를 풍
기는 정교회와 오페라 하우스는 경관 조명을 통해 밤새 도심을 밝혔다. 역사는
오늘을 사는 후대가 만들어 가꾸는 것이다. 있는 그대로 두고 보는 것에서 나아
가 뼈를 세우고 살을 붙여야 살아있는 역사를 볼 수 있다.

🚗 처참했던 그 날의 기억, 세르비아 국방부와 농림부 청사 폭격

유고슬라비아 연방을 주도적으로
이끈 국가는 세르비아였다. 연방을
구성했던 국가들이 하나둘씩 독립
을 선언하며 떨어져 나갈 때 세르비
아의 심정은 어땠을까? 입장을 바꿔
보면 이해가 될 듯싶다.

▲ 칼레메그단 요새

푸른 도나우 강이 보이는 칼레메그단Kalemegdan 요새를 찾았다. 슬로베니아 북
부에서 발원하여 크로아티아, 보스니아를 거쳐 세르비아에 이른 사바Sava강은 이

곳에서 흑해로 가는 다뉴브 강과
합류하며 소멸한다.

▲ 국방부 청사

국회National Assembly와 성 마르
코 교회St. Marco Church를 둘러보고
국방부 청사를 찾았다. 1999. 3.
24일, 나토NATO는 코소보의 독립
평화협정에 대한 합의를 세르비아 대통령 밀로셰비치가 거부하자 수도 베오그라
드를 공습했다. 세르비아는 국방부와 농림부 청사를 폭격 당시의 처참한 모습으
로 보존하고 그날을 기억한다.

🚗 발칸의 스위스, 아름다운 전원풍경, 보스니아

보스니아 수도 사라예보Sarajevo로 가는 길에 지나친 시골 전원풍경은 우리가 감
히 '발칸의 스위스'라고 감탄할 만큼 아름다웠다.
도시는 두 가지 사건으로 우리에게 친숙하다. 1973년, 사라예보에서 개최된 세
계 탁구대회에서 대한민국 수립 후 구기종목 최초로 우승 쾌거를 이뤘다.

수도 사라예보

▲ 밀라츠카강에 놓인 라틴다리에서 제1차 세계대전이 시작되었다.

또 다른 사건은 1차 세계대전이 태동한 것이다. 1914년 6월 28일, 오스트리아 황태자 프란츠 페르디난트Franz Ferdinand와 부인 조피Sofie가 세르비아인에 의해 암살됐다. 이에 오스트리아는 전쟁을 선포했으며, 이는 세계대전으로 확대되었다. 1,000만 명이 사망하고, 유럽산업과 경제는 완전히 파괴됐다. 그리고 극심한 경기 침체와 대공황으로 이어졌다.

남의 불행은 나의 행복인가? 전쟁에는 참여했지만 피해가 없던 미국은 이후 영국을 누르고 세계 제일의 경제 대국이 됐다. 그리고 러시아는 레닌 혁명을 거쳐 소련 소비에트 연방을 이뤘다. 패망한 독일은 히틀러가 등장하며 군비증강과 경제 재건을 통해 또 다른 세계대전을 준비하는 디딤돌을 놓았다.

1차 세계대전은 세계사에서 빼놓을 수 없는 역사적 사건이다. 이렇듯 사라예보는 세계 역사를 다시 돌아보는 도시다.

밤늦은 시간에 도심에 나가보니 미니스커트와 과다한 노출, 화려한 패션룩의 젊은이로 인산인해였다. 불야성을 이룬 다운타운에는 시끄러운 록 음악에 맞춘 젊은이들의 흥겨운 댄스가 길을 가득 채웠다. 발칸반도의 어느 나라에서도 보지 못한 놀랄 만한 광경이었다. 이슬람교인이 95%라는 보스니아에서 유럽의 어느 나라보다 더한 젊은이의 음주와 가무를, 그것도 노천에서 본다는 것은 생각하지 못했던 일이다. 이렇게 발칸반도 여행을 마쳤다.

북유럽

| 내 차로 가는 유럽여행 |

북해를 향해 북부 유럽으로

• 오스트리아, 독일, 덴마크 •

쉔브룬 궁전을 들르고 음악의 도시 빈으로 간다. 모차르트, 베토벤, 슈베르트, 하이든, 요한 슈트라우스의 자취가 있다. 잘츠부르크에는 《젊은 베르테르의 슬픔》의 괴테가 있고 덴마크 문화도시 오르후스에서 현대미술의 진수를 본다. 북단의 스카겐에서는 두 해협이 충돌하는 바다 안으로 들어갔다.

🚗 천부적인 예술혼을 불타오르게 한 도시, 빈

유럽의 모든 국가는 하이웨이로 연결된다. 오스트리아의 수도 빈Wien에 도착했다. 여행의 중심은 슈테판 대성당Stephansdom이다. 12세기경 로마네스크와 고딕 양식으로 지었으며 내부는 바로크 양식으로 치장했다.

▲ 성 슈테판 성당

인근에 있는 호프부르크Hofburg 왕궁은 합스부르크 왕가의 궁전이며, 현재는 대통령 집무실로 쓰인다. 그리고 유럽 제일의 명문가인 합스부르크 왕가에서 소장하는 미술품을 전시하는 미술사 박물관과 자연사 박물관을 들렸다. 국회의사당은 그리스 신전을 모방했으며, 분수대의 동상은 아테네의 여신으로 지혜를 상징한다. 시청사는 1883년 네오 양식으로 건축했으며, 첨탑 높이가 무려 103m다.

쇤브룬 궁전

▲ 빈은 음악의 도시, 클래식 음악의 고향

프랑스에 베르사유 궁전이 있다면 오스트리아에는 쉔브룬Schonbrunn 궁전이 있다. 마리아 테레지아 여왕이 살았던 궁전으로 1,441개의 방이 있다. 중앙의 산책로를 중심으로 데칼코마니형의 넓은 정원은 면적이 1.2㎢에 이르고 동물원까지 있다. 멀리 보이는 보티프 교회Votivkirche는 160년 되었는데, 현지인이 말하기를 그 정도면 명함도 내밀지 못한다고 한다.

빈은 음악의 도시다. 잘츠부르크에서 태어난 모차르트는 빈에서 활동했다. 베토벤의 〈운명〉이 탄생한 곳도 이곳이다. 슈베르트, 하이든, 요한 슈트라우스와 같은 당대의 유명한 음악가들이 빈을 중심으로 활동했다. 천부적인 예술가의 혼이 창작을 통해 활활 타오르게 할 수 있었던 배경에 도시 빈이 있었다.

🚗 영화 〈사운드 오브 뮤직〉의 로케이션 장소를 따라가는 여행

잘츠부르크에서 처음 찾은 곳은 미라벨Mirabell 정원이다. 영화 〈사운드 오브 뮤직〉에서 주인공 마리아가 일곱 명의 아이를 데리고 도레미 송을 불렀던 곳이다.

미라벨 정원

영화 속의 로케이션 장소가 반세기에 걸쳐 사랑받는 곳은 잘츠부르크가 유일하다. '음악의 신동' 모차르트가 빈으로 가기 전까지 살았던 집 앞에는 모차르트 거리가 조성되어 여행자로 늘 북적인다. 1756년에 태어난 모차르트는 젊은

▲ 음악의 신동, 모차르트가 살았던 집

시절을 이곳에서 보내고 빈으로 떠났다.

레디덴츠 광장을 중심으로 대성당을 비롯한 주요 명소들이 전개된다. 장크트 페테 교회는 영화 사운드 오브 뮤직에서 폰 트랩 대령, 마리아, 아이들이 피신한 장면에 나왔던 낯익은 장소다. 독일군이 플래시를 비추며 이들을 찾을 때 따라서 숨죽이며 긴장했던 기억이 생생하다.

▲ 호엔잘츠부르크 요새

호엔잘츠부르크^{Festung Hohensalzburg} 요새는 1250년에 지어진 이후 증축과 축성을 거듭하고 1495년에서야 지금의 모습을 갖췄다. 774년에 건설된 잘츠부르크 대성당은 성당 축조 예술의 보물로 손꼽힌다. 1628년의 대화재로 완전히 소실되고, 1944년 연합군의 공중폭격으로 반원형의 루프탑이 파괴되었으나, 1959년 완전한 복원에 성공했다. 영화 속에서 폰 트랩과 가족이 살았던 시내 외곽의 저택은 호텔로 변신했다.

재미있는 곳이 있다. 쉔브룬 궁전 Schloss Schönbrunn은 분수로 유명하다. 이름 그대로 '쉔브룬^{Schönbrunn}' 즉, '예쁜 분수'의 궁전이다. 동상과 조형물이 늘어선 산책길을 따라가면 기상천외한 아이디어로 만든 분수가 여행자를 놀라게 하고, 물에 젖게 하며, 또 웃게 만든다.

▲ 궁전 분수대

🚗 사흘간 공짜로 고속도로 이용. 미안하다, 감사하다, 오스트리아

오스트리아의 하이웨이 역시 비넷을 사야 한다는 것을 몰랐다. 국가 간의 이동이 하이웨이를 통해 이루어지므로 미리 알고 사지 않으면 실수하기 쉽다. 사흘 동안 공짜로 이용했으니 오스트리아에 미안하고 감사한 마음이다. 다시 찾을 때는 이런 실수와 결례를 저지르지 않을 것을 약속하며 독일로 간다.

하이웨이는 대부분 130㎞까지 달릴 수 있다. 하이웨이를 달리며 가장 많이 본 안내 표지판이 'Ausfahrt'다. 도시가 얼마나 빅사이즈기에 인터체인지가 이렇게 많아? 알고 보니 출구라는 뜻의 독일어다. 독일 하이웨이에서 화물차는 비넷을 구입해야 하지만 승용차는 무료다. 잘 사는 나라는 달라도 뭔가 다르다. 자동차 여행자가 제일 좋아하는 것이 무료 하이웨이다. 연료는 공짜로 안주나?

프랑크푸르트에 있는 기아서비스를 들렀다. 엔진오일을 교환하고 람다센서와 온도센서를 교체한 후 차량점검을 받았다. 독일에서는 모하비가 판매되지 않기에 여행자가 부품을 제공해 주어야 한다. 아직 차량 상태가 상당히 좋다고 하니 잘 달려준 차가 대견하고 고맙다.

🚗 짝사랑의 원조 베르테르, "나의 로테! 나는 오직 그대를 위해 살아가고 싶소"

프랑크푸르트에는 괴테하우스 Goethehaus가 있다. 괴테가 1775년까지 26년을 살았던 집이다. 그는 불후의 명작 《젊은 베르테르의 슬픔》을 이곳에서 집필했고, 역작 《파우스트》의 영감도 이 도시에서 얻었다.

▲ 괴테의 집

중심거리는 자일Zeil이다. 1700년대에 찍은 거리 사진이 지금과 거의 같아 놀랍다. 장크트파울St. Paulkirche 교회는 둥근 원형의 본체를 중심으로 타워 건물과 2곳의 Access동이 하나의 건물로 결합된 전형적인 고딕 양식이다. 1848년 독일 국민회의가 최초로 개최되었으며 독일 민주주의를 상징하는 역사건물이다. 뢰머Romer 광장은 구시가지의 중심으로 세 동의 삼각형 건물이 나란히 붙어있는 시청사가 볼거리다.

뢰머 광장

이후 북으로 방향을 잡아 함부르크로 향했다. 1897년에 건설한 시청사는 고전의 외형으로 도시 역사와 미관을 살리고 내부는 현대화를 통해 업무 효율성을 높였다. 국경도시 플렌스부르크Flensburg로 이동한다.

🚗 북해와 발트해의 만남, 카테가트와 스카게라크 해협

독일과 덴마크의 국경이라고 해야 하이웨이 한편으로 매달아 놓은 안내 표지판이 유일하다. 유럽의 문화도시 오르후스Aarhus에는 꼭 들러야 할 아로스 오르후스 미술관Aros Aarhus Museum이 있다. 8개의 플로어를 가진 미술관 루프에 있는 〈Your Rainbow Panorama〉가 유명하다. 올라퍼 엘리아슨Olafur Eliasson의 작품으로 지상 위 50m 높이에 설치한 150m 길이의 원형 통로가 작품이다. 이곳에서는 360도 파노라마가 피워낸 무지개를 통해 도심과 바다를 내다 볼 수 있다.

미술관은 층별로 회화, 사진, 행위 예술 등을 전시한다. 작품은 추상적이지 않고 난해하지 않아 편한 마음으로 감상할 수 있다. 오스트리아 예술가 론 뮤윅 Ron Mueck의 작품인 소년 조각상 〈A Five Meter Tall Boy〉은 미술관의 랜드마크로 실제로 살아 있는 듯한 섬세한 묘사 때문에 아이들에게 인기가 많다.

▲ 올라퍼 엘리아슨, Your Rainbow Panorama

행위 예술관에서는 람보르기니의 외부 스크래치를 통해 물질적 삶의 허구와 혼란한 정신세계를 표현했다. '얼마짜리 차인데 저기다가…' 그런데 이 미술관은 작품도 작품이지만 특히 미술관의 건물 그 자체가 예술이다. 8개 층을 연결하는 나선형의 계단은 전시공간을 막힘없는 부드러움으로 이끈다.

론 뮤윅, A Five Meter Tall Boy

아쉬운 발길을 돌려 북으로 향한다. 시간을 서두르는 것은 다음날 아이슬란드로 가는 카페리를 타야 하기 때문이다. 북단 도시 스카겐Skagen에 도착했다. 그레넨Grenen은 덴마크의 최북단으로 스카게라크Skagerrak해협과 육지가 만나 사구를 이루는 곳이다. 한 평 남짓의 삼각형 사구를 사이에 두고 카테가트Kattegat와 스카게라크Skagerrak의 두 해협이 충돌하며 일으키는 파도는 어디서도 볼 수 없는 장관이다.

사구를 따라 바닷속으로 깊숙이 들어가면 서로 다른 방향에서 달려들어 충돌하고 솟구치는 파도의 정점에 서게 된다. 해변에는 사람을 사람으로 보지 않는 물개가 있다. "너 뭘 보냐?" 물개가 사람에게 던지는 말이다. 분명한 사실은 사람은 그저 스쳐 지나가는 나그네이고 바다와 해변의 주인은 물개라는 것이다.

▲ 스카겐

▲ 한 평 남짓의 사구를 사이에 두고 카테가트와 스카게라크의 두 해협이 충돌한다.

북해의 거친 파도를 헤치고
3박 4일 만에 도착한 섬

• 아이슬란드 •

덴마크의 히르트살에서 페리를 타고 북해를 3박 4일 항해했다. 가장 거친 북해의 파도에 비몽사몽, 생애 최대의 뱃멀미로 식음을 전폐했다. 그 끝에 있는 화산섬 아이슬란드, 불과 얼음의 나라, 배 타고 오가는 길에 들른 페로 제도에서는 또 다른 여행이 우리를 반긴다.

덴마크 북부 끝에 있는 작은 항구마을 히르트샬Hirtshals에서 아이슬란드까지는 바닷길로 1,600㎞다. 800대의 차와 1,482명의 승객을 싣는 카페리로 장장 66시간을 항해해야 한다. 아이슬란드로 항해하는 중에 덴마크령 페로섬의 토르스하운 Tórshavn 항구에서 9시간을 정박한다. 배에서 하선하여 섬을 둘러볼 수 있는데 지루한 항해 중의 깜짝 보너스다. 북해의 높은 파도를 헤치고 항해하는 탓으로 롤링이 심해 몸과 마음이 꽤 고생했다.

🚗 3박 4일 동안 북해의 거친 바다를 항해하여

멀리 수평선 위로 아이슬란드가 보인다. 가장 거칠다는 북해의 높은 파도를 헤치고 3박 4일을 항해하여 도착했다. 지루한 항해를 또 해야 한다는 것이 끔찍할 정도로 고생이 심했다.

처음으로 찾은 데티포스Dettifoss는 폭포다. 화산지대를 지나온 강은 진한 회색의 물을 폭포 아래로 사정없이 쏟아냈다. 상류에 있는 셀포스Selfoss 폭포가 데티포스보다 낫다고 평가하는 여행자도 있다.

데티포스 폭포

아이슬란드는 얼음과 불의 나라다. 나마피알Námafjall은 뚫어놓은 분기공을 통해 고온가스가 분출되는 온천지대다. 100% 온천수가 공급되는 야외온천에 몸을 담그고 미바튼 호수를 내려다보며 여행의 피로를 푼다. 이끼와 잔디가 산을 온통 덮고 용암이 흘러 굳은 화산암 사이를 채운 것은 노란색의 작은 관목이다.

아이슬란드는 화산지대라는 지형적 특징을 가지고 있다. 2010년에는 화산 폭발이 크게 일어나 유럽 전역의 항공기 운항이 전면 중단되었다. 고다포스 폭포는 빙하가 녹아 흘러든 맑은 물이 자랑이다. 주변의 계곡을 이룬 용

▲ Godafoss

암은 8,000년 전에 형성된 것이다. 폭포에서 낙차한 물은 거대한 수원을 이루고 좁은 협곡으로 빠져나가면서 유속이 빨라지는데, 바로 아래의 게이타포스Geitafoss까지 연어가 회귀한다. 아이슬란드의 주변 해역은 물고기와 플랑크톤이 풍부하여 고래가 많이 서식하는데, 후사빅Husavik은 혹등고래와 밍크고래를 볼 수 있는 최적지다. 탐조선을 타고 바다로 나가 호흡을 위해 몸을 내밀어 물기둥을 뿜어내는 고래를 셀 수 없이 보았다. 아쿠레이리Akureyri는 제2의 도시이다. 인구가 1만 7,000명에 불과한 도시는 북극선에서 내려온 피오르의 끝에 있다. 언덕 위에 지어진 아쿠레이리Akureyrakirkja 교회는 도시의 랜드마크다.

아이슬란드는 인위적인 가공이 전혀 없는 자연유산, 원형으로 돌아가는 탁월한 접근성, 얼음과 불의 지형과 지질 특성이 결합된 지상 최대의 자연 생태관광지다. 특히 수도 레이캬비크에서 가까운 스나이페들스네스Snæfellsnes 반도는 피오

오로라

르, 폭포, 주상절리, 분화구, 지열지대를 모두 가지고 있어 학자들과 관광객 발길이 끊이지 않는다.

🚗 관광수입만으로도 먹고 살 수 있는 행복한 나라

스나이페들스네스 반도로 가는 도중에 들른 분화구는 오래전에 활동을 멈춘 사화산이다. 대지로 흘러 굳은 용암 위로 녹색의 이끼류가 덮여 화산지대인지 골프장인지 구별되지 않았다. 그라니Glanni 폭포의 지열지대는 지하로부터 뜨거운 물이 펑펑 올라온다. 온도가 섭씨 100도에 이르니 컵라면 생각이 절로 난다. 이곳에 있는 지열발전소에서는 지층의 열수를 채수해 주민에게 공급하니 겨울이 아무리 길고 추워도 급탕과 난방을 걱정할 이유가 없다.

스나이페들스네스 반도에서 먼저 찾은 곳은 커크주펠포스Kirkjufellsfoss다. 뒤로는 산이요 앞으로는 탁 트인 바다가 보이는 폭포는 아이슬란드를 소개하는 우편

▲ 커크주펠포스

엽서나 안내책자에 자주 등장한다. 앞에 있는 커크주펠 산을 배경으로 사진을 찍으면 산과 폭포를 모두 담아낼 수 있다. 잔점박이물범과 회색바다표범이 서식하는 이트리퉁가^{Ytri Tunga}도 색다른 여행지다. 동물을 볼 수 있을까? 반신반의하고 찾았지만 놀랍게도 해안가 바위마다 물범과 표범이 올라와 있었다.

　패키지여행의 필수코스인 골든서클투어^{Golden Circle Tour}는 수도 레이캬비크^{Reykjavik} 인근의 유명 관광지 세 곳을 둥근 원을 그리며 돌아보는 여행이다. 먼저 들른 곳은 싱벨리어 국립공원이다. 유라시아와 북아메리카의 지각판이 충돌한 곳이다. 이로 인해 지반이 융기되고 화산 폭발이 일어나 아이슬란드가 생겼다. 굴포스^{Gullfoss}는 폭포 중의 으뜸이다. 엄청난 수량의 폭포가 만든 물보라와 무지개에 절로 탄성이 나온다. 간헐천 게이시르^{Geysir}는 6분여의 간격으로 20m 열수를 하늘로 뿜는다. 규칙적인 짧은 주기, 높은 물기둥은 다른 곳에서는 보기 힘들다.

▲ 간헐천 Geysir

　수도 레이캬비크^{Reykjavik}는 세계에서 가장 높은 위도에 위치한 수도다. 전체 인구의 30%인 13만 명이 거주하고 있으며 고층건물이 없는 작고 아담한 도시다. 랜드마크는 할그림스키르캬^{Hallgrimskirkja}교회다. 1945년 건축을 시작하여 1986년 완공했다. 높이 75m의 첨탑을 가지고 있어 도심 어디서나 눈에 든다.

　건물 외관은 주상절리를 모티브로 설계했으며, 노출 콘크리트로 마감하여 심플하면서 정갈하다. 교회 앞에는 탐험가 에이릭슨^{Leifur Eiriksson} 동상이 있다. 콜럼버스보다 500년 앞서 아메리카 대륙을 발견한 아이슬란드의 탐험가다.

▲ 할그림스키르캬 교회

노천온천 블루라군Blue Lagoon은 화산과 지열을 상징하는 온천이다. 기대와 다르게 물이 뜨겁지 않아 만족스럽지 않았다. 온천의 진정한 가치는 거대한 규모나 화려한 외형보다는 뜨끈뜨끈한 물의 양과 온도가 아닌가? 동부로 출발한다.

🚗 불과 얼음을 보며 둥글게 돌아가는 여행

'불의 나라'를 지나 '얼음의 나라'로 간다. 영화 '인터스텔라'의 로케이션으로 유명세를 얻은 빙하지대 스비나펠스요쿨Svínafellsjökull을 둘러본 후 스카프타펠Skaftafell에서 트래킹을 했다. 전문 산악인의 안내를 받아 2㎞부터 20여㎞에 이르는 빙하를 직접 밟았다. 이외퀼사우를론Jökulsárlón은 빙하에서 떨어져 나온 유빙을 볼 수 있는 곳이다.

▲ 이외퀼사우를론

아이슬란드에서는 누구나 똑같은 자동차 여행을 한다. 더 볼 수도 없고 덜 볼 수도 없는, 기회가 평등한 곳이다. 우측이든 좌측이든 섬을 일주하는 것은 같다. 크루즈 선착장에 도착하면 아이슬란드를 한 바퀴 돈 것이다. 이제 남은 것은 3박 4일 동안 북해의 거친 파도를 헤치며 육지로 가는 일이다.

연 1,500만 명의 관광객이 아이슬란드를 찾는다. 우리의 어설픈 계산에 의하면 물가가 무척 비싼 고비용의 여행을 통해 아이슬란드는 연 15조 원이 넘는 외화를 벌어들일 것으로 추정된다. 2008년, 국가부도를 선언하는 등 경제위기가 있었지만, 관광산업의 괄목할 만한 성장으로 새로운 경제 도약의 불씨를 살렸다. 전체 인구 34만 명 중에서 1/3이 관광산업과 관련된 일을 한다고 하니 자연의 은총과 혜택을 가장 많이 누리는 행복한 친환경국가다.

세계 최저의 인구 밀도를 가진 나라, UN이 제시한 기준에 의해 발표된 '세계에서 가장 건강한 국가 1위', 아이슬란드 여행을 마친다.

서유럽으로 간다.

▲ 덴마크–아이슬란드 카페리

🚗 덴마크 안의 또 다른 나라, 페로 제도

북대서양 걸프만 중심에 있는 덴마크 자치령 페로 제도^{Faroe Islands}는 18개의 섬으로 이루어졌다. 스코틀랜드의 북서쪽, 아이슬란드와 노르웨이의 중간에 위치하며 덴마크에서 약 1,200㎞ 떨어져 있다. 인구는 약 5만 명이 거주하며, 이 중 2만여 명이 가장 큰 섬 스트레모이^{Streymoy}에 거주하고, 이곳에 수도 토르스하운^{Tórshavn}이 있다.

수도 토르스하운

토르스하운 다운타운

내셔널 지오그래픽은 페로를 최
고의 여행지Best Trips로 선정했다.
1,100㎞의 해안선과 평균 300m에
불과한 산이 어울린 페로 제도는
우리에게 생소하지만 유럽인에게는
많이 선호되는 여행지.

외로운 섬에 살고 있는 페로인들
의 음악에 대한 열정과 수준은 놀
랍다. 매년 사계절을 통해 규모 있
는 뮤직페스티벌을 개최하여 세계
인의 참여와 관심을 부른다.

▲ 페로는 덴마크 안의 또 다른 나라

우리 눈에는 페로 제도가 덴마크로 보이지 않았다. 정부, 의회, 국기, 화폐, 언
어, 자동차번호판 등 모든 것이 덴마크와 달랐다. 그 이유가 무엇일까? 페로에 최
초로 이주한 사람은 7세기경 아이슬란드인이다.

1948년, '덴마크로부터 독립할까? 말까?' 고민하던 페로 제도는 국민투표를 통해 덴마크 자치령으로 편입했다. 단, 편입은 하되 간섭은 없는 자치 통치권을 확보했다. 그런데도 페로 제도는 덴마크 본국 정부로부터 매년 수조 원의 재정지원을 받는다. 왜 덴마크 정부는 무늬만 덴마크인 페로제도에 국비를 지원할까? 태평양에 있는 미국 영토 괌이나 하와이를 떠 올리면 그 답은 쉽다. 넓은 바다와 하늘을 차지할 수 있기 때문이다.

▲ 섬 순환 도로

북해로부터 코펜하겐으로

• 덴 마 크 •

안데르센의 생가를 들르고 셀란 섬으로 가기 위해 그레이트 벨트 이스트교를 건넜다. 스웨덴이 보이는 헬싱외르에서 셰익스피어 《햄릿》의 배경 크론보그 슬로트를 들렀다. 햄릿 호텔, 햄릿 레스토랑, 햄릿 베이커리, 달이 떠도 햄릿, 해가 떠도 햄릿, 온통 햄릿이다. 르네상스 양식의 프레드릭스보그 슬로트는 호수 위의 성이다. 코펜하겐에는 황당한 게피온 분수의 이야기가 흐르고 안데르센 동화 속의 인어공주가 우리를 반긴다.

북해의 거친 파도를 항해한 배가 덴마크 본토 히르트샬Hirtshals에 도착했다. 덴마크 제3의 도시 오덴세Odense에 있는 동화작가 한스 안데르센Hans Andersen 생가를 들렀다. 인어 공주, 벌거벗은 임금님, 성냥팔이 소녀, 미운 오리 새끼, 엄지 공주, 나이팅게일 등 주옥같은 동화를 남겨 전 세계의 어른과 아이들에게 큰 감동을 준 안데르센, 불우한 집안에서 태어난 그는 처음에는 연기자의 길을 걷다가 작가의 길을 택했다. 말하기 좋아하는 사람들은 안데르센이 평생을 독신으로 살며, 청혼한 여자마다 퇴짜를 맞았고, 또 동성애자였다고 한다. 하지만 내밀한 사생활을 가지고 평가하기에는 세상에 이룬 그의 업적이 너무 크다. 70세를 일기로 혈연도 없이 세상을 떠났지만, 덴마크 곳곳에는 안데르센과 그의 작품 흔적이 남아있다.

▲ 동화의 아버지, 안데르센 동상

오덴세에서 코펜하겐으로 가려면 푸넨Funen섬과 셀란Zealand섬을 잇는 그레이트 벨트 이스트교Great Belt East Bridge를 건너야 한다. 이 해상교량은 현수교로 중앙 경간장이 1,624㎞ 되는 장대교량이다. 즉 한강다리에 교각이 하나도 없는 것이나 마찬가지다. 주탑 높이가 254m로 덴마크 역사상 가장 큰 건설 프로젝트였다. 교량을 건너려면 240DKK의 통행료를 지불해야 한다. 한국 돈으로 4만 원이 넘으니 단일 구간으로는 최고의 톨비다.

항구도시 헬싱외르Helsinger는 북해에서 발틱해Baltic Sea로 이어지는 협소한 해협을 사이에 두고 스웨덴과 마주한다.

🚗 '햄릿'의 비극적 사랑 이야기를 간직한 크론보그 슬로트 성

해안가에 있는 크론보그 슬로트Kronborg Slot성은 햄릿 성이라고도 불린다. 바다 건너 스웨덴이 손에 닿을 듯 지척이다. 셰익스피어의 비극《햄릿》은 모두 5장으로 구성됐는데 그 배경이 엘시노어Elsinore성이다. 영어로는 엘시노어, 덴마크

▲ 햄릿성

어로는 헬싱외르Helsingør이며, 오필리아와 햄릿의 비극적인 사랑 이야기를 간직한 곳이 바로 헬싱외르의 크론보그 성이다.

성 앞에는 햄릿 호텔, 햄릿 레스토랑, 햄릿 베이커리 등 오로지 '햄릿'으로 먹고 사는 마을이 있다. 덴마크를 와 보지 않은 셰익스피어는 덴마크 왕실에서 내려온 이야기를 구전으로 전해 듣고 크론보그 성을 배경으로 희곡을 집필했다. 영국이 인도와도 바꿀 수 없다고 한 셰익스피어, 4대 비극의 하나인 햄릿은 "죽느냐, 사느냐, 그것이 문제로다."라는 명언을 남겼다.

▲ 햄릿을 주제로 한 대채로운 행사

프로덴스보그 슬로트 Fredensborg Slot로 이동했다. 1972년 프레드릭Fredrick 9세가 별세한 후 그의 장녀 마르그레테Margrethe 2세가 여왕으로 즉위했다. 원래 여자는 왕위 계승권이 없었지만, 영국 엘리자베스 2세 여왕 즉위의 영향으로 법을 고쳐 왕세자로 지목되고 후에 왕이 됐다. 이 성은 덴마

▲ 프레데릭스보그 슬로트

크 왕실에서 사용하는 여름 별장으로 왕실 행사가 자주 열린다. 뒤로 가면 정원이 있다. 날씨가 추워 잔디가 누레야 하지만 뗏장을 떼어 와 촘촘히 이어 붙여 한겨울에도 너무 푸르다. 유럽 왕실을 유지하기 위한 많은 재정의 투입으로 국민들의 비판과 지탄이 거세다. 푸른 잔디를 보니 일면 이해가 간다.

호수 안에 있는 세 개의 섬을 다리로 연결해 축성한 프레데릭스보그 슬로트 Frederiksborg Slot는 화려하고 섬세한 외관을 가진 르네상스 양식의 성이다. 내부 인테리어의 아름다움은 크론보그 슬로트를 압도한다. 성 안에는 중세부터 현대에 이르는 회화 작품, 골동품과 소장품이 전시되었다. 1671년부터 1840년까지 덴마크 왕의 대관식을 치렀던 교회도 슬로트 안에 있다.

수도 코펜하겐Copenhagen은 무역과 교통의 요지로 동서유럽의 해상관문이다. 남한 땅의 반도 안 되는 덴마크의 인구는 불과 558만 명이다. 1인당 GDP는 6만 불 내외로 요람에서 무덤까지의 사회보장 제도를 추구한다. 사회복지의 본연의 자세

▲ 인어공주 동상

▲ 게피온 분수

를 뜻하는 '요람에서 무덤까지'는 1942년 영국에서 처음으로 제창되었지만, 대표적인 실천 국가는 핀란드를 비롯한 북유럽 국가들이다.

코펜하겐으로 깊숙이 들어온 외항Sydhavnen에 '인어공주' 동상이 있다. 한스 안데르센의 대표작 인어공주는 왕자를 구하고 사랑에 빠진 인어 공주의 슬픈 사랑 이야기를 다룬 동화다.

이곳을 지나면 게피온Gefion 분수가 나오는데 예술가 안데스 분드가르드Anders Bundgard의 작품이다. 여기에는 재미있는 이야기가 전해진다. 게피온 여신이 스웨덴 왕과 내기를 했다. 왕은 게피온 여신에게 "하루 동안 일군 땅을 주겠다."라고 약속을 했단다. 그랬더니 게피온 여신은 아들 넷을 소로 변신시켜 죽기 아니면 까무러치기로 땅을 일구었는데, 그 모습을 역동적으로 표현한 게 게피온 분수대다. 결국 여신은 하루 동안 일군 땅을 얻었는데, 코펜하겐이 속한 셸란 섬이 그곳이다. 물론 설화라는 게 대부분 뻥일 테지만….

코펜하겐은 고층건물과 아파트가 많지 않았다. 도심 녹지율이 높아 쾌적한 도시환경이 유지되고 있으며, 운하를 통한 물류 운송과 더불어 대기 및 수질 정화에 힘쓰고 있다.

▲ 시청사

▲ 시청 광장 앞 홈리스들

🚗 코펜하겐은 자전거 천국이다

코펜하겐에는 자전거 전용차선과 전용 신호등이 있다. 교차로 우회전 시에 직진하는 자전거에게 우선권이 있다. 고개를 돌려 자전거의 접근 유무를 확인하지 않으면 박치기할 수 있으니 조심해야 한다.

코펜하겐 시청사를 찾았다. 1905년에 건축한 붉은 조적조의 중세풍 건물이다. 세계 유수 도시의 시청사는 그 도시의 상징이다. 여행자들은 시청을 보며 도시의 과거와 역사를 떠올린다. 시청사의 내부를 둘러보았다. 슬쩍 들여다 본 사무실은 고전풍의 건물과는 다르게 현대식 사무 가구와 설비를 갖추고 있다. 그리고 시청에 있는 결혼식장의 의자를 세어보니 정확히 80개다. 언제쯤 우리도 이렇게 성스럽고 간소한 결혼식 문화가 정착될 수 있을까?

▲ 아마리엔보그 성에서 열리는 근위대 교대식

시청 앞에는 홈리스를 위한 자선 행사가 열리고 있다. 음식 제공은 물론이고 음악공연까지 한다.

▲ 크리티안스보르 궁전

▲ 니하운 항구

잘 사는 나라에도 홈리스들이 있다. 특이한 점은 개를 동반했다는 것이다.

시청사 옆에는 전 세계 테마파크의 원조인 티볼리 공원Tivoli Garden이 있다. 1843년에 개장했으며 롤러코스터는 무려 100년 역사를 자랑한다.

프레데릭스 교회Frederiks Kirken는 1894년에 완공된 대리석으로 만든 건축물이다. 교회의 건축양식과 상징성은 코펜하겐의 중요한 건축자산이다.

아마리엔보그Amalienborg는 여왕이 거주하는 성이다. 마르그레테 2세 여왕은 검소하고 소탈한 성격으로 국민의 사랑을 받고 있으며, 그의 남편은 프랑스인이다. 로젠보그Rosenborg 성은 죽기 전에 꼭 봐야 할 세계 건축물의 하나다. 지하에는 왕실 보물이 전시되어 있고 앞으로는 호수와 넓은 정원이 있다.

마지막으로 들른 곳은 크리스티안스보르 궁전Christiansborg Palace이다. 수상 집무실, 의회, 대법원, 그리고 재무성이 이곳에 있다. 세계에서 한 건물에 행정, 입법, 사법기관이 모여 있는 곳은 덴마크가 유일하다.

니하운Nyhavn항구는 덴마크의 엽서나 포스터에 꼭 등장한다. 관광객이 집결하는 장소이며, 먹거리와 볼거리가 많은 관광의 중심이다. 운하를 따라 중세풍의 콘트라스트가 뚜렷한 건물을 따라 레스토랑과 카페들이 즐비하다. 유명한 셰프들에 의해 좋은 음식이 제공되지만, 막상 맛은 잘 모르겠고 맥주는 맛있다. 그리고 가격은 엄청 비싸다. 속이 니글니글해서 숙소로 돌아와 라면을 끓여 먹었다.

코펜하겐을 떠나 항구 게드세르Gedser로 이동한다. 대략 매 두 시간마다 출항하는 로스토크Rostock행 카페리를 타고 독일로 향했다.

중부 유럽

| 내 차로 가는 유럽여행 |

발트해 연안에서 알프스까지

• 독일, 체코, 오스트리아, 리히텐슈타인 •

카페리로 발트해를 건넜다. 동서냉전의 상징도시 베를린, 일본의 패망을 가져온 포츠담 선언, 라이프 치히에는 바흐가 있고 '독일의 피렌체' 드레스덴에서 예술과 음악을 사랑하는 사람들을 만났다. 체코 프라하에서 눈뜨고 소매치기를 당하고, 오스트리아 잘츠캄머구트의 지상낙원 할슈타트와 매력 있는 인스부르크를 달려가며 알프스 비경에 넋을 잃었다.

🚗 독일의 침략과 유대인 홀로코스트의 참회, 기억은 공간에 머문다

수도 베를린에는 브란덴부르크 게이트Brandenburg Gate가 있다. 홀로코스트 추모 비는 서로 다른 높이의 콘크리트 사각 블록을 종과 횡으로 배열한 커다란 조형물이다. 히틀러가 부인 에바와 생을 마감했다는 히틀러 벙커는 안내 간판만 달랑 있다.

베를린장벽 기념관Berlin Wall Monument을 찾았다. 동독 난민의 탈출과 유입을 막기 위해 1961년 8월 13일부터 세우기 시작한 베를린장벽은 길이가 150㎞에 달한다. 찰리 검문소Checkpoint Chalie는 베를린장벽이 생기고 1989년 무너질 때

▲ 찰리검문소

까지 미군이 운영한 국경검문소다. 미군 복장을 하고 성조기를 든 두 명의 짝퉁 미군이 일인당 3유로를 받고 여행자와 함께 사진을 찍는다.

슈프레Spree강을 따라 세워진 동서 분단의 현장인 베를린 장벽Berliner Mauer에는 세계에서 참여한 예술가의 그라피티가 그려져 있으며, 이스트 사이드 갤러리East Side Gallery라고 부른다.

🚗 포츠담회담, 미·소 냉전에 의한 남북 분단과 비극의 시작

베를린 바로 아래에 있는 포츠담Potsdam은 등잔 밑이 어둡다고 베를린의 그늘에 가려 연합군의 공습을 피했다. 1918년까지 프로이센 왕이 거주한 도시로 중세로부터 유서 깊은 도시다.

▲ 상수시 궁전

상수시Sanssouci 공원을 찾았다. 18세기 프레드릭 황제에 의해 조성되기 시작해 프레드릭 윌리엄 4세에 이르기까지 100여 년에 걸쳐 확장과 증축을 거듭했다.

근처에 있는 체칠리엔호프Cecilienhof 궁전은 한국의 운명을 바꾼 포츠담 회담이 열린 곳이다. 1945년 7월, 미국 트루먼 대통령, 영국 처칠 수상, 소련 스탈린 서기장이 모였다. 정상들은 7월 26일, 두 개의 합의사항을 조인했다. 하나는 포츠담조약으로 전후 독일의 무장해제, 비군사화와 민주화를 위한 처리방안, 국경에 관한 사항이었고, 다른 하나가 포츠담선언으로 일본의 무조건 항복과 주둔지 철수, 얄타회담의 준수를 골자로 한 내용이었다.

하지만 일본은 포츠담선언의 합의사항을 거부했으며, 이에 미국은 8월 6일과 9일 양일에 걸쳐 히로시마와 나가사키에 원자폭탄을 투하했다. 얄밉게도 소련은 8월 9일, 비유컨대 종착지에 다 와 가는 전쟁 열차의 꼬리칸에 올라탔다. 그리고는 일본과 전쟁을 선포함으로써 북한으로 진주할 수 있는 명분과 발판을 마련했다. 결국 8월 10일 일본이 포츠담선언을 수락했으니, 소련은 단 하루짜리 전쟁에 참여하고 한반도의 운명을 좌지우지하는 권력을 갖게 된 것이다.

▲ 체칠리엔호프 궁전

▲ 교회 제단 바닥의 동판 아래에 바흐의 무덤이 있다.

라이프치히^{Leipzig}는 동부 작센 주의 도시로 50만 명의 인구가 거주한다. 니콜라이 교회^{Nikolaikirch}는 1165년에 지어져 중축과 개축을 거듭한 고딕 건축물로, 도시를 대표한다. 이와 더불어 라이프치히에서 유명한 교회가 하나 더 있으니 성 토마스 교회이다.

성 토마스 교회가 유명한 것은 세 가지 이유에서다. 첫째는 1160년경에 지어진 교회의 오랜 역사이고, 둘째는 교회 역사와 함께하는 유수한 소년합창단이며, 셋째는 음악가 요한 세바스티안 바흐^{Johan Sebastian Bach}의 무덤이 교회 안에 있는 것이다. 바흐는 1723년부터 1750년 7월 28일 서거할 때까지 이 교회 소년합창단의 지휘를 맡았다.

🚗 연합군의 공습과 폭격으로 폐허가 되었던 드레스덴 도심

드레스덴^{Dresden}은 작센 주의 주도로 '독일의 피렌체'로 불린다. 바로크풍의 높은 첨탑을 가진 중세의 건축물이 엘바 강가에 즐비하다. 약한 사암의 석재로 건축된 건물 외벽은 공기와 산화해 불에 탄 듯 검게 변했다.

호프교회Hofkirche는 구시가지에서 처음으로 만나는 성당이다. 내부는 화려하거나 다채로운 치장과 장식을 하지 않았다. 독일 국민의 실용성과 검소함이 묻어난다. 합창단의 리허설이 오케스트라와 함께 한창이었는데, 지휘자의 포스나 솔리스트들의 실력은 프로수준이었다.

▲ 호프교회

도로 건너에 오페라하우스 젬퍼호퍼Semperoper가 있고, 그 옆으로 유명한 쯔빙거Zwinger 궁전이 있다. 외부는 해자이고 사방형의 건물 가운데 오픈형의 중정은 정원으로 조성되었다. 안으로 들어가니 운이 좋게도 라파엘로의 명작 〈시스타나의 성모〉 성화를 전시하고 있었다. 그리고 레지던츠 궁전Residenzschloss에서는 외벽에 그려진 벽화 '군주들의 행진'을 볼 수 있다.

프라우엔 교회Frauenkirche는 1945년 연합군 공습으로 벽체를 제외한 건물 전부가 무너졌다. 방치된 조각을 퍼즐 맞추듯 완전히 복원한 것이 2005년이다.

드레스덴은 2차 세계대전 당시 연합군의 공습과 폭격으로 도심의 대부분이 파괴된 최대의 피해도시다. 동독 정권은 전쟁 참상을 알린다는 이유로 올드타운을 방치했다. 그리고 1990년 독일 통일 후 뒤늦은 재건을 통해 다시 태어났다.

▲ 쯔빙거 궁전

▲ 레지던츠 궁전 벽화 '군주들의 행진'

🚗 하이웨이에서 제일 먼저 할 일. 휴게소에 들러 비넷 구입하기

체코 카를로비 바리Karlovy Vary는 독일국경과 인접한 온천마을이다. 오흐레Ohře강을 따라 온천수를 마시며 담소하는 콜라나다Kolanáda가 연속해 나타난다. 미네랄을 대량으로 함유한 온천수는 일반 음용수와 차별되는 맛이다.

▲ 콜라나다 온천수

계곡 끝에서 만나는 그랜드 호텔 풉프Grand Hotel Pupp는 영화 〈007 카지노 로얄〉의 로케이션이 있었던 호텔이다. 영화에서는 몬테네그로의 스플렌디드 호텔로 나왔으니 이름을 도둑맞은 것이다.

▲ 카를교

수도 프라하에 들어왔다. 프라하성 옆에 있는 대통령궁은 근위병의 교대식으로 인산인해다. 사람 많은 곳에서는 소매치기를 조심하자. 프라하성은 프라하를 대표하는 관광 명소이다. 성 비투스Sv. Vita성당은 1344년 공사 착공 이후 무수한 증축을 거쳐 20세기에 와서야 오늘의 모습을 갖추었다. 산화된 석재의 거무스름한 외관이 풍기는 올드함이 주변을 압도한다. 내부는 꾸밈이 없으나 테라스 창호에 그려진 스테인드글라스는 아름답고 화려하다. 성 조지 바실리카 성당은 화재로 인해 17세기에 다시 지었다.

▲ 비투스 성당

　프라하 성에 대한 전체적인 인상은 어딘지 모르게 억지스럽다. 천여 년에 걸쳐 르네상스, 고딕, 바로크 양식 등으로 제각기 건축되어 배치, 조화, 균형 면에서 어색하고 어울리지 않았다.

▲ 천문시계

　카를교Karlův Most를 건너 올드타운으로 간다. 구시청사의 외벽에는 천문시계가 있다. 매시 정각에 시계 위에 있는 닫힌 쪽창이 열리며 예수님의 12제자 인형이 등장한다.

　광장 한쪽에는 마르틴 루터보다 100년 앞서 종교개혁을 주장한 얀 후스Jana Hus의 동상이 있다. 교회

▲ 깨알 같은 글씨로 나치수용소에서 죽은 유대인들의　　▲ 프라하 구시가지
출생과 죽음의 날을 적었다.

의 부패와 타락을 공개적으로 비판한 종교개혁가로 콘스탄츠 공의회 결정에 의해 추종자들과 함께 1415년 7월 6일 공개화형을 당했다.

핀카스Pinkasova 유대교회는 세계대전 당시 나치수용소에서 희생된 78,000명의 이름, 출생, 사망일을 깨알만 한 글씨로 벽면에 새겼다.

이곳에 15세기부터 300년 동안 유일하게 허가된 유대인 공동묘지가 있다. 유대인들은 죽어서도 묻힐 자리가 없도록 핍박과 박해를 받았다

바츨라프는 1968년 '프라하의 봄'이라는 민주 자유화 운동이 일어난 광장이다. 또, 1989년에는 수십만 명이 운집한 벨벳혁명을 통해 공산정권이 붕괴했다. 극작가이자 인권운동가 바츨라프 하벨Vaclav Havel은 혁명을 주도하고 체코 대통령이 되었다. 유럽 평의회는 그를 기려 하벨인권상을 제정하고 매년 수상한다.

🚗 프라하의 아름다움에 홀리면 소매치기를 당한다

수도 프라하의 맛집 정보에 나온 빵집은 손님이 별로 없이 한산했다. 하지만 우리가 들어서자 거의 동시에 손님이 우르르 몰려들었다. 중동계로 보이는 남자가

▲ 프라하 빵집. 눈을 번뜩이는 여자와 앞의 남자가 소매치기다.

유로를 바꿔 달라며 다소 유난하고 혼란스럽게 말을 걸어온 것 외에 별 특이사항이 없었다. 그러나 빵집을 나오고 나서야 지갑 속에 있던 유로가 없어진 것을 알았다. 빵집 실내를 향해 찍은 사진에 소매치기 일당이 찍혔다. 말을 걸어온 남자와 주변을 빙 둘러싸고 있는 한 무리의 일당들이 보인다.

영어로 말을 걸어오는 사람은 소매치기나 사기꾼이라고 보면 그리 틀리지 않는다. 여행 중에 만난 누군가가 영어로 말을 건다면 늘 방어 태세로 돌입해야 한다.

그러고 보니 프라하에 대한 안 좋은 추억은 이미 어제부터 예견되었나 보다. 어제는 잠을 설쳤더랬다. 밤새도록 남자에게 얻어맞는 옆 방 여자의 비명이 그치지 않았다. 아침 식당에서 보니 여자 얼굴이 엉망이다. 저러고도 같이 사는 것을 보면 상습적으로 때리고 맞는 것이 이들에게는 생활의 일부인 듯하다.

체스키 크룸로프Cesky Krumlov는 국경에 인접한 도시다. 블타바 강을 따라 낮은 구릉과 언덕으로 중세의 건축물이 가득 세워진 아름다운 도시다. 18세기 이후에 지어진 건물이 없다고 하니 꽤나 역사를 가진 도시다. 언덕 위 체스키 크룸로프 성에서 내려보니 붉은색의 지붕이 도시를 모두 덮었다.

블라타 강에는 '이발사의 다리'가 있다. 중세 유럽을 통치했던 합스부르크는 혈통 유지를 위한 근친혼으로 인한 유전적 결함으로 유독 주걱턱과 정신질환이 많았다. 왕가의 한 명이 요양 중에 이발사의 딸과 사랑에 빠져 결혼에 이르렀지만 결국 아내를 살해하고 말았다. 그는 부인을 죽인 사람을 찾는다며 죄 없는 주민을 처형하기 시작했다. 참다못한 이발사가 "내가 죽였다."라고 거짓으로 자백하고 사형당했다. 주민들은 그를 추모하여 '이발사의 다리'를 세웠다.

▲ 국경마을 체스키 크룸로프

한편 이 도시에서는 오스트리아가 지척인지라 30㎞만 가면 된다.

🚗 저녁이면 물새가 날고 아침이면 물안개가 피어나는 할슈타트 호수

할슈타트Hallstatt는 알프스와 70여 개의 호수를 품은 잘츠캄머구트Salzkammergut
에 있는 마을과 호수의 이름이다. 새벽이면 호수 위로 물안개가 피고 해 질 녘에
는 물새가 물을 박차고 날아오른다. 하루 묵고 떠날 요량으로 이곳을 찾은 여행
자의 발길을 기어코 잡아 머물게 하는 매력적인 호수다.

할슈타트 호수로부터 3㎞ 떨어진 고샤우Gosau는 알프스 산속의 작은 마을이다.
추적추적 비 내리는 어두운 밤에 어디가 어딘지도 모르는 산길을 달려 도착했다.
아침에 일어나 창밖을 보니 알프스 산의 허리에 걸친 구름 아래로 드문드문 전통
가옥이 있고 초원에는 양 떼가 평화롭게 풀을 뜯는다.

▲ 할슈타트

〈겨울왕국〉의 모티브가 된 할슈타트에서 바트 이슐^{Bat Ischl}로 가는 길은 아름다
운 호수를 옆에 두고 달리는 베스트 드라이브 길이다. '황제들의 온천'이라고 불리
는 바트 이슐은 합스부르크 왕가, 브람스, 요한 슈트라우스가 즐겨 찾았고 비운의
왕비 다이애나도 이곳을 다녀갔다.

▲ 할슈타트 호수

▲ 할슈타트의 외딴 마을 고사우

장크트 볼프강St. Wolfgang은 볼프강 호수에 있는 작은 도시로 선착장에서 호수와 산을 보니 그림엽서가 따로 없다. 볼프강을 유람하는 선박과 샤프베르크Schafberg 산을 오르는 산악열차가 있어 많은 여행자가 마을을 찾는다. 준비성이 대단한 독일 아주머니 팀은 와인글라스로 레드와인을 마시며 산을 올랐다. 정상을 오르면 잘츠캄머구트가 품은 호수와 알프스가 눈앞에 펼쳐진다.

장크트 길겐St. Gilgen은 작곡가 모차르트 어머니의 고향이다. 아들이 유명하니 어머니도 대접받는다. 몬트체Mondsee에는 장크트 미하엘 성당Church of St.Michael이 있다. 영화 〈사운드 오브 뮤직〉에서 마리아와 폰 트랩 대령이 결혼식을 올린 성당이다.

▲ 한적한 농촌 풍경

🚗 유럽에서 열 손가락 안에 드는 드라이브 코스를 달려보자

할슈타트를 떠나 인스부르크로 간다. 빠른 길을 피해 남쪽으로 우회하기로 했다. 유럽에서 열 손가락 안에 드는 드라이브 코스 '그로스글로크너 하이 알파인 로드Grossglockner High Alpine Road'를 달리기 위해서다. 알파인

▲ Grossglockner High Alpine Road

도로답게 급경사와 급커브로 이어지는 산악도로다. 산 아래는 아직 봄인데 중턱은 꽃이 만발한 여름이고, 고갯마루에 오르니 눈 내리는 겨울이다.

인스부르크에 도착했다. 낮과 밤이 반반이고 낮에만 돌아다니란 법도 없는데 밤 구경을 나서는 것도 오랜만이다. 오스트리아의 국모 마리아 테레지아Maria Theresia는 합스부르크 왕가의 걸출한 여성 통치자다. 그녀의 딸은 프랑스 루이 16세와 결혼하고 프랑스 혁명 당시 단두대의 이슬로 사라진 마리 앙투아네트다.

Grossglockner High Alpine Road

국고를 낭비하고 오스트리아와 공모해 반혁명을 시도했다는 이유였다. 구시가지로 가려면 개선문을 지나야 한다. 이 개선문은 테레지아 여왕의 명령으로 프랑스의 개선문을 모방해 건설했다.

개선문

🚗 오스트리아도 알고 보면 흑역사가 있다

오스트리아는 강하고 융성했던 합스부르크 왕조의 영광을 뒤로 하고 1938년 독일과의 합병을 묻는 국민투표를 통해 99.73%라는 압도적 찬성으로 독일과 합병했다. 1945년 독일이 패망하자 미국, 영국, 프랑스, 소련에 의해 분할 통치되는 수모를 겪었다. 그리고 1955년에 독립한 신생국이다. 이제 리히텐슈타인으로 간다.

🚗 빈부격차와 실업률, 범죄가 없는 평화로운 나라 리히텐슈타인

리히텐슈타인은 오스트리아와 스위스 사이에 있는 입헌군주제 국가다. 국경검문소에서 출입국관리소 직원에게 물었다.

"여기는 어느 나라 국경입니까?"

"오스트리아와 리히텐슈타인 국경입니다."

"그럼 당신은 어느 나라 사람입니까?"

"스위스 사람입니다."

국토 면적이 작고 인구가 적으니 외교와 국방은 스위스 몫이고, 경찰관도 달랑

파두츠 캐슬

120명에 불과하다. 수도 파두츠 Vaduz 뒷산에 있는 파두츠 캐슬에는 왕이 살지만, 경찰도 없고 경비도 없으며 근위대도 없다. 성문 고리를 잡고 아무리 흔들어도 나오는 사람조차 없다.

게스트하우스는 차 한 대 다니기도 빠듯한 산길을 돌아 구

▲ Vaduz

름이 저 아래로 보이는 깊고 높은 산 속에 있었다.

리히텐슈타인은 인구 4만의 작은 나라로 빈부격차가 없고 실업과 범죄가 없는 평화로운 나라다. 세계적인 작곡가 요제프 라인베르거 Josef Gabriel Rheinberger의 생가는 음악학교로 사용되지만 어린이집의 크기다. 정부 청사는 우리나라의 주민센터 규모이고, 국회의원은 달랑 25명으로 커다란 의사당이 필요 없다.

▲ 정부청사

▲ 중앙우체국

국립박물관에서는 이 나라의 자
연과 역사, 문화와 예술, 역사와 건
축을 40개의 갤러리로 보여준다. 뭐
먹고 사나? 대표적인 수출품은 우
표다. 세계 여러 나라의 우표를 도안
하고 인쇄해 준다. 그리고 세계에서
가장 큰 치아 제작사가 이 나라에
있다. 임플란트나 틀니를 했다면 이
나라 제품일 확률이 높다.

▲ 국회의사당

　리히텐슈타인은 납세 의무가 없으나 간접세율이 높아 레스토랑에서 전식과 디
저트를 곁들인 식사를 하면 한화 10만 원이 넘는다. 그리고도 숙소로 돌아와 컵
라면을 끓여야 한다. 영세중립국으로 국방의 의무가 없으며, 리히텐슈타인과 전
쟁을 한다는 것은 곧 스위스와 싸우는 것이니 알아서 참아야 한다.

　세계 최고의 부를 자랑하는 작고 알찬 나라, 작은 인구를 가진 나라, 스위스와
공존하는 나라, 국가가 살아가는 방법은 이렇게 실로 다양하다. 나의 부족한 것
을 채우고 나로 인해 채울 것은 내주는 나라가 리히텐슈타인이다.

알프스산맥을 따라 도버해협으로

• 스위스, 프랑스 •

취리히를 거쳐 루체른의 리기산에 올라 구름 위를 걸으며 신선이 됐다. 융프라우와 아이거 북벽에 다가서고 레만호의 시옹성에 들러 시인 바이런의 〈시옹성의 죄수〉를 읊었다. 이탈리아로 넘어가는 알프스에서 폭설을 만났다. 샤모니에서 몽블랑을 가슴에 품고, 프랑스를 횡단해 영국과 아일랜드로 간다.

스위스 하이웨이를 달리려면 1년 기한의 비넷을 구입해야 한다. 연초에 구입하면 일 년을 알차게 사용하지만, 연말에 산다면 하루밖에 이용하지 못할 수 있다. 처음 나타난 휴게소에서 비넷을 구입했다. 그냥 다니다 걸리면 100유로 벌금에 개망신이 더해진다. 취리히에 도착했다.

🚗 아인슈타인도 한국에서 태어났으면 대학도 못 갔다

스위스가 강한 나라가 된 배경에는 자연과 더불어 교육이 있다. 취리히 공과대학은 21명의 노벨상 수상자를 배출했다. 기초과학으로는 최고의 학문과 연구를 자랑한다. 아인슈타인은 이 대학의 물리학과를 졸업하고 교수로 재직했다. 그는 수학 이외의 다른 과목은 낙제했다고 하니 한국에서 태어났다면 대학도 못 갔을 것이다. 12세기경 건축된 그로스민스터Grossmünster는 양편으로 높은 종탑이 있는 고딕 양식의 성당으로 스위스에서 제일 큰 규모다. 뮌스터 다리 건너 뾰족한 초록색 첨탑을 가진 프라우민스터Fraumünster는 9세기경 스위스에서 최초로 지어진 수도원이다.

취리히

스위스는 자원이 없고 작은 나라다. 하지만 정밀기계 산업이 세계 최고이며 제약 산업과 바이오 기술 등 첨단산업이 발달했다. 대부분 기업이 수출주도형의 중소기업이다. 또 국토의 반이 알프스산맥에 걸친 세계 최고의 관광국이다.

▲ 무제크 성벽에서 바라 본 루체른

이처럼 아무런 걱정 근심이 없어 보이는 스위스의 고민은 무엇일까? 고령화와 인구 감소다. 어디를 가나 일하지 않는 고령층이 눈에 띄게 많다. 출산율은 서유럽에서 가장 낮고 평균 수명은 제일 높다.

루체른은 도시와 호수, 산이 어울리는 아름다운 매력을 지닌 곳으로 스위스 관광의 중심이다. 배후에는 드래곤 산이라고 불리는 필라투스Pilatus가 있고, 루체른 호수 건너에는 리기Rigi산이 위용을 뽐낸다.

카펠교

호수에서 발원하는 로이스 강에는 유서 깊은 다리가 있다. 1333년에 건설된 카펠Kapell교는 유럽에서 가장 오래된 목조 다리다. 교량의 가운데 스판span에 있는 연필 모습의 원형건물은 요새로 사용되었다. 가까이 있는 또 하나의 다리 슈프로이어Spreuer교도 1408년 목재로 만들어졌다. 언덕에 있는 무제크성벽Museggmauer의 워크웨이를 걸으면 파란 하늘 아래에 있는 루체른 호수와 시가지가 보인다.

빈사의 사자상Löendenkmal으로 간다. 등은 창에 찔리고 발 아래로는 프랑스 부르봉 왕가의 백합 문양이 그려진 방패를 품고 장렬하게 죽어가는 〈빈사의 사자상〉은 스위스 용병의 용감, 충정, 애국심을 상징한다. 1792년 프랑스 혁명 당시 루이 16세와 마리

▲ 빈사의 사자상

앙투아네트를 지키며 전사한 스위스 용병 786명의 충성을 기리기 위해 만든 조각상이다. 프랑스 궁전을 지키던 수비대원은 혁명이 일어나자 모두 꽁무니를 뺐다. 그러나 스위스 용병은 계약기간이 남았다는 이유로 끝까지 지키며 프랑스 왕과 왕비를 위해 싸우다 죽었다.

"우리가 도망가면 누가 스위스 용병을 믿고 신뢰하겠는가?"

중세 스위스는 지지리도 못 살았다. 오죽했으면 해외로 용병을 수출했을까? 후대가 용병을 계속하려면 자신들이 충성과 신의를 버려서는 안 된다며 죽음의 길을 선택했다.

좀 더 시간을 뒤로 돌리면, 로마 교황청 근위대가 1506년부터 스위스 용병으로 구성된 역사로 거슬러 올라간다. 1527년 신성 로마제국의 카를 5세는 로마교황청

을 침략했다. 스위스 용병은 180명 중 147명이 교황을 지키다 죽었다. 타국 출신의 용병은 "걸음아 나 살려라." 도망갔다.

그건 그렇고, 중국인이 얼마나 많이 오는지 선물가게 주인 아주머니의 중국어 실력이 원어민 수준이었던 것도 이곳에서의 기억 중 하나다.

🚗 구름 위에는 언제나 태양이 있다

비, 구름, 안개로 리기산이 보이지 않았다. 먼 길을 달려와 구름만 실컷 보고 가는 것은 아닌지 다들 실망스럽다. 케이블카가 두터운 구름을 뚫고 하늘로 올랐다. "오~, 와~" 탄성이 케이블카 안을 채운다. 구름 위로 태양이 떠 있는 또 다른 세상이 있었다. 해발 1,748m 정상에 오르니 뭉실뭉실한 구름이 세상을 빈틈없이 덮었다.

▲ 리기산 정상

'구름 위를 걸을 수 있을까?' 지상에서 천상으로의 여행이다. 신선이 부럽지 않았던 시간을 뒤로 하고 인터라켄으로 간다.

유럽의 베스트 드라이브코스인 수스텐 패스Susten Pass는 왓슨Wassen과 인너키르켄Innerkirchen을 연결하는 50㎞ 산악도로다. 겨울 초입의 쌀쌀한 날씨에도 모터사이

▲ Susten Pass

클과 고성능 스포츠카의 굉음이 계곡을 진동한다. 도로 옆의 바위에는 서행하라는 의미로 사고 난 바이크를 매달았다.

인터라켄은 융프라우Jungfrau에 가려면 반드시 들러야 하는 도시다. 일반 여행자는 인터라켄 OST역에서 열차를 타고 융프라우를 오르지만, 자동차 여행자는 그린델발트까지 차를 끌고 간다. 날이면 날마다 올 수 있는 곳이 아닌데 융프라우 정상에 구름이라도 끼면 낭패다. 이름이 뜻하듯 '젊은 처녀'처럼 수줍음이 많아 융프라우의 얼굴을 보기가 쉽지는 않은데, 다행히도 날씨가 화창했다.

▲ 융프라우 산악열차

▲ 융프라우 전망대

그린델발트 역을 출발하는 열차를 타고 산을 올랐다. 해발 3,970m, 아이거Eiger가 앞을 막고, 뒤로는 쉴트호른Schilthorn이 버틴다. 트랜스퍼를 위해 하차한 클라이네 샤이덱Kleine Scheidegg역은 아이거 북벽 등반의 전진기지다. 드문드문 보이던 마을은 사라지고 톱니바퀴 열차는 눈 덮인 산 속으로 깊숙이 들어갔다.

▲ 융프라우와 뮌히

유럽에서 가장 높은 곳에 있는 융프라우 역은 해발 3,454m다. 아름다운 설경으로 유명한 알프스 산맥의 고봉 융프라우,

▲ 도시 스피츠

해발 4,158m, 'The Top of Europe'이라고 불린다.

융프라우와 뮌히Mönch의 두 봉우리 사이에 있는 전망대에 올라 주변의 산세와 경치를 보고, 고원으로 나가 융프라우와 아이거의 언저리를 걸었다. 하산하는 길에 라우터부르넨을 들러 트뤼멜바흐 폭포와 슈타우바흐 폭포를 찾았다.

인터라켄에서 베른으로 가려면 호수를 따라 슈피츠와 튠을 지나야 한다. 인터라켄의 명성과 베른의 위상에 가렸지만 슈피츠에 가면 또 다른 스위스를 만난다. 잔물결 하나 없이 고요한 튠 호수Thunersee 너머 멀리 아이거, 묑크, 융프라우, 슈라텐플루Schrattenfluh 산이 보인다. 튠, 스피츠, 인터라켄은 호수로 연결되어 유람선이 다닌다.

툰 호수

그리고 도착한 베른의 구시가지는 12세기에 조성된 중세도시다. 15세기에 지어져 아직도 건재하는 아케이드와 16세기 전후 해학과 풍자로 만들어진 조각 분수를 따라 구도심 곳곳을 들여다본다. 그리고 베른 대성당의 종탑에 올라 아름다운 알프스 산을 높아진 눈높이로 바라보았다.

🚗 시옹! 너의 감옥은 성스러운 곳, 누구도 이 흔적을 지우지 마라

레만Léman 호는 스위스와 프랑스의 국경이다. 몽트뢰Montreux는 레만 호숫가에 있는 아름다운 도시다. 호수 안의 바위섬에 시옹Chillon 성이 있다. 9세기경 주교 영지로 지었으며 15세기경 사보이 공국에 의해 재건됐다. 종교개혁을 추진하던 수도원장은 공국의 왕에게 잡혀 시옹 성에 있는 감옥의 세 번째 기둥에 4년 동안 쇠사슬로 묶여 있었다. 1936년 영국의 대문호 바이런은 〈시옹성의 죄수〉라는 시를 썼다.

▲ 시옹 성

"시옹! 너의 감옥은 성스러운 곳, 누구도 이 흔적을 지우지 마라. 그것은 폭군에게 항거하여 신에게 호소한 자국이거늘…"

게스트하우스 주인은 우리가 주방을 사용했으니 전기요금을 내라고 한다. 앉은 자리에 풀도 나지 않을 사람이다. 또 자신이 학교에 강의를 나가는데 한국 학생들도 있다고 하며, 김치가 아주 야만적인 식품이라고 폄훼했다.

몽트뢰에서 타이어를 교체하려 했으나 토요일에 일하는 곳이 없었다. 살기 좋은 나라는 노는 것도 남다르다.

🚗 '이탈리아는 일하고 있겠지?'

이탈리아로 향했다. 알프스를 넘는 길은 아름답지만 험했다. 산 중턱을 오르니 폭설로 앞이 보이지 않는다. 산과 국경을 지나 이탈리아 아오스타^{Aosta}에 도착했다. "역시 이탈리아" 토요일에도 타이어 가게는 정상 근무다.

꼬불탕꼬불탕 구부러진 길을 돌고 돌아 이탈리아 국경검문소를 통과했다. 그리고 몽블랑 터널을 지나 몽블랑이 품은 마을 샤모니^{Chamonix}에 도착했다. 스위스를 아침에 출발해 점심 식사와 타이어 교체를 이탈리아에서 해결하고, 저녁을 먹은 뒤 잠을 청한 곳은 프랑스 샤모니다.

"몽블랑^{Mont Blanc} 정상을 볼 수 있는 행운이 오길 바란다."라며 호스트가 전망 좋은 방을 배정해 주었다. 아침 일찍 산을 올려다보니 구름과 안개가 잔뜩이고 눈까지 펑펑 내렸다.

▲ 해발 4810m, 몽블랑

도버해협을 건너 섬나라로

• 영국, 아일랜드 •

해가 지지 않는 나라 영국, 스코틀랜드는 영국인가? 아닌가? 북아일랜드는 영국인가? 아닌가? 스코틀랜드와 북아일랜드는 영국과 같은 듯 사뭇 다르다. 《더블린의 사람들》의 제임스 조이스, 《걸리버 여행기》의 조나단 스위프트, 〈이니스프리의 호도〉의 윌리엄 예이츠, 1000년 가까운 외세 침략을 청산하고 독립한 아일랜드, 이제는 영국이 부러워하는 당당한 나라가 되었다.

🚗 스트라스부르는 프랑스와 독일의 문화가 혼재되어 있다

2000년이 넘는 역사 도시 스트 라스부르Strasbourg는 독일 국경과 가까운 도시로 유네스코 문화유 산에 등재되었다. 도시의 상징 노 트르담 대성당은 장장 260년의 공사 기간을 거쳐 1439년에 축성 됐다. 지붕으로 삐죽하게 돌출시 킨 칼럼과 외벽으로 세운 성상을 보니 밀라노 두오모 성당과 흡사하다.

▲ 노트르담 대성당

동화 마을 쁘띠 프랑스Petite France의 전통가옥은 프랑스가 아니라 남부 독일의 전형적인 주택 양식이다. 도시는 음식, 언어, 문화 등에서 독일과 많은 것을 공유 한다.

하이웨이를 달려 칼레Calais로 간다. 도버 해협 너머에는 영국이 있어 매시간 시 내버스 다니듯 양국 사이를 카페리가 운항한다.

드디어 영국으로 간다. 프랑스 칼레 항에서는 프랑스 출국심사와 영국 입국심 사가 동시에 이루어진다. 정확히 1시간 30분의 항해 끝에 도버에 도착해 바닷가 언덕에 있는 백색절벽과 도버캐슬을 찾았다. 길 위에 'Sandwich'라는 이정표가 보 인다. 샌드위치 백작이 밤을 새우며 게임을 하기 위해 개발한 간편식이 그대로 도 시 이름이 되었다. 백색절벽은 110m 높이와 13㎞ 길이를 가진 해안절벽이다. 유럽 대륙과 영국을 상징적으로 구분하는 가드 역할을 한다. 도버 캐슬은 13세기경 프 랑스 등 유럽대륙의 침입을 막기 위해 세웠다.

칼레와 도버를 오가는 카페리

　영국은 도로 및 차선 구조가 복잡하고 좌측통행을 해야 한다. 런던 등 대도시는 주차 및 여유 공간이 없었고, 차선은 좁았다. 또 일방 차로가 많아 역주행의 우려로 불안했으며 시도 때도 없이 길을 건너는 무례한 보행인들로 긴장의 고삐를 늦출 수 없었다. 런던의 교통 상황은 서울은 저리가라다. 유럽 본토의 도시에서는 듣기 힘든 경적소리가 수시로 들렸다. 모하비를 호텔의 주차장에 세워 놓고 지하철을 이용했다.

　웨스트민스터 역을 나서면 의회 민주주의의 산실인 국회의사당과 15분마다 타종하는 빅 벤Big Ben시계탑이 나온다. 트라팔가Trafalgar 광장은 해양대국인 영국

▲ 이층버스와 런던택시

▲ 그리니치 천문대에서 바라본 런던 시내 전경

의 자존심이다. 영국은 1805년 프랑스와 스페인의 연합함대를 상대로 한 트라팔가 해전에서 대승을 거뒀다. 해전에서 전사한 넬슨 제독의 동상을 52m 높이의 탑 위에 올렸고 이를 받드는 네 마리의 사자는 상대국 함선의 대포를 녹여 만들었다.

▲ 루벤스, 삼손과 데릴라

바로 앞으로 무료로 입장하는 내셔널 갤러리가 있다.

유명 작품으로는 렘브란트의 유화 〈자화상〉, 루벤스의 〈삼손과 데릴라〉, 고흐의 〈해바라기〉가 있다. 세잔의 〈목욕하는 여인들〉도 유명하다.

다우닝가 10번지는 영국의 수상관저다. 호스 가드 퍼레이드Horse Guards Parade를 가로질러 버킹엄 궁전으로 간다. 건물 위로 국기가 펄럭이면 엘리자베스 2세 여왕이 집무실에서 근무하는 것이다. 광장에는 격일로 근위병 교대식이 열린다. 군악대가 동원되는 대규모 행사로 치러져 여행자들이 시간에 맞춰 모인다. 소매치기를 조심해야 하는 장소다.

▲ 버킹엄궁전

밀레니엄 다리를 걸어 템스강을 건너면 세계에서 두 번째로 큰 세인트폴 성당이 나온다. 1710년 르네상스 양식의 이 성당에서 찰스 왕세자와 다이애나의 결혼식이 세계인의 지켜보는 가운데 성대하게 열렸다. 성당의 지하에는 나이팅게일, 웰링턴, 넬슨의 유해가 안장되어 있다.

영국을 대표하는 하이드Hyde파크는 런던에 오면 반드시 들러야 한다.

무료로 운영하는 영국 박물관을 찾았다. 소장품의 종류와 규모에 있어 세계 최고 수준이다. 메인 전시관은 이집트관으로 이집트 문명의 역사와 유물을 볼 수 있다. 특히 로제타 스톤Rosetta Stone은 1799년 프랑스 나폴레옹이 먼저 발견했으나, 이후 영국이 프랑스를 이집트에서 몰아내고 빼앗았다. 기원전 당시의 국가 법령이 기록된 중요 역사유물이다.

▲ 영국박물관에 소장된 로제타 스톤

▲ 소장품의 대부분은 식민지국으로 부터 약탈한 것이다

박물관에는 한국관도 있는데 관람객도 없고 볼 것도 없다. 그나마 옆에 붙은 중국관도 볼 것 없고 사람 없기는 마찬가지라 묘하게 위안이 된다

🚗 세계제국, 지배와 피지배의 유서 깊은 흔적들

그리니치 천문대를 찾았다. 1675년 천문학자 존 플램스티드$^{John\ Flamsteed}$는 찰스 2세에게 천문대 건설을 건의했다.

"OK!"

해가 지지 않는 나라 대영제국은 "바다를 지배하지 않는 자는 세계를 통치할 수 없다."라는 도전적 정신을 지닌 이런 왕들이 있기에 가능했다. 동시대에 "나라의 문을 꼭 걸어 잠그지 않으면 국가를 통치할 수 없다."라며 해금정책^{海禁政策}을 시행했던 조선의 왕들과는 대조적이었다.

▲ 본초 자오선 좌우는 동경과 서경

▲ 타워브리지

집권자들의 노력과 집념의 결과는 바다 건너 많은 식민지를 건설하고 대영제국을 탄생시킨 근간이 되었다. 날이 어두워지자 그리니치 천문대에서 나오는 본초 자오선이 밤하늘을 반으로 갈랐다. 경도 0이다. 우리는 지구의 동경과 서경에 한 발씩을 걸쳤다.

윈저Windsor로 간다. 1090년, 최초로 세워진 윈저성은 왕실의 주말 휴식처로 사용된다. 2021년 4월, 엘리자베스 2세 여왕의 부군 필립공의 장례식이 이곳에서 거행되었다.

가까운 곳에 이튼 칼리지Eaton College가 있다. 1440년에 설립했으며 귀족과 상류계층의 학생이 다니는 사립 중등학교로 전원 기숙사에서 생활한다.

▲ 윈저 성

근처에 있는 월트셔wiltshire에는 세계에서 가장 유명한 신석기 유적지가 있다. 스톤헨지Stonehenge는 선사시대의 거석군이 밀집되어 있는 불가사의한 곳이다. 기원전 1700년에 40톤 무게의 석재를 240㎞나 떨어진 곳에서 어떻게 운반해 왔는지

스톤헨지

도시 바스

는 지금도 연구 중이다. 인근 마을 에이브버리^{Avebury}에도 거석이 있 다. 푸른 초지 위에 놓인 선사시대 의 바위틈에서 풀을 뜯는 양떼의 모습이 한가롭다.

바스 욕장

바스^{Bath}는 서기 43년 영국을 점 령한 로마가 건설한 도시다. 섭씨 46도의 온천을 이용해 욕장을 건 축한 연도가 1세기에서 4세기경이다. 로만 바스^{Roman Bath}를 중심으로 한 도심은 신고전주의 양식의 중세 건물로 차 있고 거리는 여행자로 가득하다.

영국은 로마가 세운 도시 바스^{Bath}를 개발해 세계적인 관광과 휴양의 도시로 만들었다. ‘우리라면 어땠을까?’ 로마 잔재를 없앤다고 폭파시키지 않았을까? 치 욕의 역사도 역사다. 유럽은 지배와 피지배의 역사를 이어왔다. 그리고 어떤 외세 의 흔적도 버리지 않았다. 없앤다고 지워지지 않는 것이 과거다. 역사는 감성으로 접근하지 말고 이성으로 다가가야 한다.

도시 옥스퍼드에는 약 38개나 되는 대학이 있다. 탄식의 다리는 옥스퍼드 대학 생이 성적표를 받아들고 탄식하며 지나간다는 다리다. 베네치아, 케임브리지에도 탄식의 다리가 있다. 아일랜드의 더블린에서도 있고 페루에도 있다. 그러나 탄식 의 내용은 서로 다르다.

중앙로를 따라 걷다 우연히 보일의 법칙^{Boyle's Law}을 발견했다. 보일이 살았던 집이란다. ‘일정 온도에서 기체의 압력과 그 부피는 반비례한다.’ 이 간단한 법칙 의 발견이 근대 과학을 이끌고, 영국이 증기기관을 이용해 산업화의 길로 나아가 도록 밑걸음이 되었다.

크라이스트처치 칼리지

크라이스트처치 칼리지를 찾았다. 대학본부의 중앙홀은 영화 〈해리포터〉를 통해 마법학교 호그와트의 식당 무대로 등장해 우리에게 친숙하다.

코츠왈드Cotswolds는 영국인이 선호하는 전원 마을이다. 도시인이 한 번쯤 꿈꾸는 전원생활의 로망을 일으켜 주기에 충분하다. 스트래트퍼드어폰에이번Stratford-Upon-Avon에는 인도와도 바꿀 수 없다는 대문호 셰익스피어의 생가가 있다. 우리는 어떠한가? 어떤 평론가가 이런 말을 했다. "책은 안 읽으면서 노벨 문학상을 기대하는 한국인이 이해되지 않는다."

▲ 도시 체스터

체스터Chester의 초입에 있는 체스터 캐슬은 줄리어스 시저 타워로 연결되는 요새다. 도시를 대표하는 것은 15세기 전후에 튜더^{Tudor} 스타일로 건축한 동화 속에나 나옴 직한 아름다운 주택이다. 나무로 골조를 세우고 사이사이를 벽돌이나 회반죽으로 채워 만들었다. 튜더 스타일의 주택이 꽉 찬 도심은 아직도 중세시대에 머물렀다.

🚗 비틀즈의 도시, 축구 명가의 홈구장 안필드, 리버풀

음악과 축구의 도시 리버풀로 간다. 비틀즈 존 레논이 살았던 생가를 찾았다. 두 가구가 붙은 주택으로 옆집이 매물로 나왔다. 폴 매카트니의 집은 8가구가 사는 다세대 주택이다. 리버풀의 노동자 가정에서 태어난 네 명의 청년으로 결성된 비틀즈는 전 세계의 팝 음악을 평정하며 새로운 시대변화를 이끌었다. 다운타운에는 비틀즈가 결성 초기에 활동했던 캐번 클럽^{Cavern Club}이 있다.

비틀즈가 탄생한 도시 리버풀

클럽이 밀집된 골목에는 서로 오리지널이라고 주장하는 비틀즈 클럽이 한둘이 아니다.

비틀즈 클럽

리버풀 대성당은 브리튼 섬에서 가장 거대하다. 총 길이만도 약

▲ 리버풀 FC 홈구장

189m이고 내부는 약 150m로 세계에서 가장 기다란 성당이다. 1904년 착공했으며 헌정식은 여왕 엘리자베스 2세가 참석한 1978년에 있었다. 놀라운 것은 성당을 설계한 건축가가 치열한 경쟁 끝에 선정된 약관 22세의 자일스 길버트 스코트Giles Gilbert Scott라는 사실이다.

리버풀 FC 홈구장을 찾았다. 리버풀 FC에서 선수와 감독 생활을 한 로이 에반스Roy Evans는 이런 말을 했다. "리버풀 FC 없는 유러피언 풋볼은 와인 없는 진수성찬과 같다." '팥앙금 없는 찐빵'의 완벽한 영어 버전이다.

가슴 트이는 바다로 간다. 크로스비 해안 공원Crosby Coastal Park, 사구가 발달하여 바람이 불면 도로는 모래로 덮인다. 수백 명의 벌거벗은 남성 주물 동상을 바닷물이 빠져나가는 먼바다까지 세웠다. 예술가의 참신한 아이디어와 넓은 바다를 그에게 내준 리버풀 시민 모두 대단하다.

귀신의 도시 요크York로 간다. 12세기, 반유대인 폭동으로 150명의 유대인이 클리포드 타워로 피신했다. 그들은 투항을 거부하고 타워에 불을 질러 죽음을 택했다.

▲ 크로스비 해안 공원

▲ 클리포드 타워

그리고 1322년 에드워드 2세는 정적인 클리포드를 처형하고 시신을 성벽에 매달았다. 죽은 자의 한이 서린 으스스한 밤 도심을 둘러보는 'Ghost Walk'라는 프로그램이 있다. 귀신 복장의 가이드를 따라 어두운 시내를 돌아다니며 각종 귀신을 만나보는 겁나는 밤을 보낸다.

윈더미어Windermere는 가장 큰 자연호수다. 길이가 18㎞, 폭 1.5㎞로 위에서 보면 리본 형상이다. 호수 안에는 19개의 크고 작은 섬들이 있어 경관이 아름답다. 또 112㎞ 산책길이 곳곳으로 조성되어 호수, 숲, 폭포를 따라 트래킹을 할 수 있다.

▲ 윈더미어 호수

▲ 윈더미어 Cruise

스코틀랜드로 가는길

스코틀랜드로 들어가기 직전에 들른 곳은 하드리아누스의 성벽 Hadrian's Wall이다. 로마제국의 유적이 왜 이곳에 있을까? 구 로마제국의 황제 하드리아누스 시대에 로마의 영토는 영국의 브리타니아까지 이르렀다.

▲ 하드리아누스 성벽

AD 122년 하드리아누스는 변경 방어를 위해 동서 120㎞에 걸쳐 약 7m 높이로 성벽을 쌓을 것을 지시했다. 벌써 2000년의 세월이 흘렀지만 남은 성벽의 흔적은 채 100년도 안 된 듯 건재하게 보인다.

🚗 유니콘과 사자의 부부싸움, 스코틀랜드 vs 잉글랜드

'스코틀랜드에 오신 것을 환영합니다.' 하이웨이에 걸린 안내간판이다. 스코틀랜드와 잉글랜드는 개와 원숭이처럼 으르렁거리며 싸우던 사이다.

스코틀랜드의 전통 악기

1707년 두 나라는 양국 의회를 통합하고 연합왕국을 구성하여 하나의 국가가 되었다. 그래서 스코틀랜드의 도처에는 잉글랜드의 상징인 사자, 스코틀랜드의 상징인 유니콘이 서로 마주보는 문양이 넘쳐난다. 그러나 스코틀랜드는 별개의 자치법으로 통치되고 있으며 독자적인 사법, 보건, 교육제도를

▲ 에든버러 시가지 전경

가진다. 그리고 이들의 아웅다
웅 집안싸움은 최근까지 이어졌
다. 2014년 9월 18일 국민투표가
있었다. "영국으로부터 독립할
까? 말까?" 결과는 아슬아슬하
게 55대 45, 영국에 남게 되었다.

▲ 에딘버러 도심의 야경

　에든버러Edinburgh 성은 스코틀
랜드의 상징이다. 발 디딜 틈 없이 관광객으로 넘쳤다. 여행을 떠난 후 입장권을
사기 위해 이렇게 오래 줄을 서서 기다린 기억이 없었다. 박물관은 스코틀랜드의
자랑스러운 역사와 문화를 보여준다. 하지만 잉글랜드와의 싸움이 주된 내용이
니 여행자는 볼썽사나운 집안싸움만 실컷 보는 셈이다.

인근의 아서시트Arthur's Seat는 250m 높이의 언덕이다. 학자들은 지구의 표면과 내부가 충돌하여 융기한 흔적이 이곳이라고 한다. 도심에서 '경제학의 아버지'로 불리는 애덤 스미스의 동상을 만났다. 저서인 《국부론》에서 경제적 자유주의를 주장했

▲ 스코틀랜드 남자들이 입는 치마 킬드

다. 홀리루드하우스궁전Holyroodhouse은 엘리자베스 여왕이 스코틀랜드에 올 때 머무는 궁전이다.

🚗 식욕을 잊게 하는 풍경의 매혹, 밀리터리 로드

스코틀랜드 북부 하이랜드로 간다. 에든버러에서 인버네스로 가는 하이웨이가 있지만 다른 길로 우회하기로 했다. 밀리터리 로드Military Road, 유럽의 베스트 드라이브 코스 중 하나로 영국에서 제

▲ Military Road

일 아름다운 도로로 꼽는다. 군사용으로 개설된 연장 74㎞의 도로는 케언곰즈Cairngorms 국립공원을 관통한다. 롤러코스터를 타는 듯한 업다운과 부드러운 선형을 가진 자연 친화적인 아름다운 길이다. 얼마나 아름다운지 스치는 풍경에 취해 마지막 커피숍에서 케이크 한 조각 먹는 것을 잊어버릴지도 모른다.

베스트 드라이브 코스 Military Road

북위 57도, 하이랜드 주도 인버네스에 도착했다. 스코틀랜드는 로우랜드와 하이랜드의 두 지역으로 구분된다. 로우랜드의 중심은 에든버러이고 하이랜드는 인버네스다. 유럽에 현존하는 걸출한 조지 요새를 찾았다. 역시 영국 국기가 아니라 스코틀랜드 국기가 게양되었다.

🚗 네스호 괴물 네시, 있으면 신기하고 없어도 호수는 아름답고

목이 긴 거대한 괴물 네시가 사는 호수로 간다. 길이 36㎞, 깊이 230m, 호수가 아니라 바다라 해도 과하지 않다. 최근 스코틀랜드의 사진작가가 네스호에서 네시로 보이는 큰 괴물이 헤엄치는 것을 발견했다.

▲ 네시 조형물

그는 누가 믿거나 말거나 이렇게 말했다. "저는 네시를 믿지 않았습니다. 이제 믿기로 했습니다."

네시가 네스호에서 처음 발견된 것은 1933년이다. 2003년 BBC방송은 대대적으로 수중을 탐사했으나 네시를 발견하지 못했다. 90년의 세월 동안 잊을 만하면 네시를 보았다는 새로운 목격담이 등장했다. 네스호를 유람하는 크루즈에서 가이드는 "저 밑에 네시가 있어서 호수가 출렁인다."라고 하지만 믿는 사람은 별로 보이지 않는다.

네스호에는 어쿼트 캐슬Urquhart Castle이 있다. 13세기에 축성되어 많이 허물어진 성이다. 완벽하게 복원하여 눈속임하는 것보다는 이런 모습이 좋다.

한 젊은 청년이 영하의 추운 날씨에 옷을 벗고 으쌰으쌰 준비운동을 하더니 네스호로 "풍덩"하고 들어간다. 아니나 다를까? 여자 친구가 있었다. "너와의 사랑을 위해서는 어떤 일도 할 수 있어" 젊음의 특권인가? 오만인가?

▲ 영하 날씨에 호수로 들어가는 젊은이

왕복 2차선과 양방향 1차선 도로가 혼재된 들판을 따라 서쪽으로 방향을 잡았다. 영국은 이렇다 할 볼 것이 없었다. 너무나 아름다운 유럽 풍경을 보고 우리의 눈높이가 마냥 높아진 것은 아닌지? 그러나 바로 우리의 동공을 커지게 하는 한 방이 이곳에 있었다. 도시와 캐슬이 아니고 왕궁과 올드타운도 아니다. 바로 하이랜드의 자연이다. 아이슬란드 해변을 달리며 느꼈던 단조로움, 노르웨이의 바다와 피오르의 답답함, 핀란드 호수의 허전함을 상쇄하는 아름다운 자연이 있었다. 해안과 내륙을 두루두루 달리는 'North-West Tourist Route'는 더네스Durness로 부터 포트리Portree까지 이어지는 자연 친화형 도로다.

▲ North-west Tourist Route

🚗 스코틀랜드 여행의 백미, 스카이섬의 포트리

요정의 땅, 페어리 글렌^{Fairy Glen}을 보고 포트리로 나왔다. 이틀째 지독한 안개와 구름이 시야를 방해한다. 최고의 뷰를 자랑하는 니스트 포인트^{Neist Point}도 구름으로 덮였다. 탈리스커 만^{Talisker Bay}은 육지 안쪽으로 들어온 반달형 해안이다. 검은 자갈이 파도와 부딪혀 내는 자그락 소리가 정겹다. 포트 윌리엄^{Fort William}에 도착했다.

▲ 해리포터가 탄 마법 열차가 지나간 철교

해리포터가 호그와트 마법학교로 가기 위해 탄 마법열차는 킹스크로스역 9와 3/4 승강장을 출발해 호그스미드 역에 도착하는데 그 철길의 교량이 이곳에 있다. 그리고 글래스고Glasgow에 도착했다.

🚗 북아일랜드, 침공의 역사, 평화의 장벽, 분리의 장벽?

케언리언Cairnryan에서 카페리를 타고 북아일랜드로 간다. 1172년 헨리 2세의 침공으로 시작된 영국의 아일랜드 지배는 지금까지 이어진다. 1922년 아일랜드와 영국은 조약을 체결했다. 아일랜드 섬의 32개 주 중 6개 주는 영국연방, 나머지 26개 주는 영국 자치령으로 정했다. 영국연방으로 편입된 6개 주가 현재의 북아일랜드다. 1949년, 26개 주는 영국연방에서 탈퇴하고 아일랜드공화국으로 독립했다. 1972년 영국은 북아일랜드 의회를 해산하고 군대를 파견한 후 직접 통치로 전환했다.

자이언츠 코즈웨이Giant's Causeway는 최고로 멋진 해안지형이다. 바닷가에 꽉 들어찬 4만여 개의 현무암 사각기둥이 보여주는 지형적 형상은 기이하고 특이하다. 6000만 년 전, 화산폭발로 흘러내린 용암이 바다와 만나 냉각과 수축을 반복하여 만든 것이다.

자이언츠 코즈웨이의 현무암 사각기둥

캐릭어레드

산 중턱의 현무암 사각기둥은 파이프 오르간이라는 별명을 가진다. 산 위에서는 북해의 탁 트인 전망, 해안으로 밀려오는 파도, 부서지는 포말이 보인다. 산길의 끝에 캐릭어레드Carrick-a-Rede가 있다. 350년 전, 어부들이 모천회귀하는 연어를 잡기 위해 30m 높이의 로프 다리를 만들어 바다 건너 황금 바위섬과 연결했다. 어부들의 생계형 다리가 지금은 많은 관광객이 찾는 명소가 되었다.

더 다크 헤지스The Dark Hedges는 1750년 스튜어트라는 사람이 식재한 너도밤나무가 성장해 만들어 낸 울창한 가로수 길이다. 드라마 〈왕좌의 게임〉이 촬영되며 널리 알려졌다.

▲ 더 다크 헤지스

북아일랜드에서 꼭 가볼 곳이 있었다. 벨파스트 쿠퍼 웨이Cuper Way에 있는 평화의 장벽Peace Lines은 종교, 이념, 민족의 분리장벽이다.

1969년 아일랜드 구교도와 잉글랜드 신교도의 무력 충돌을 막기 위해 두 종교의 거주지 경계를 따라 세워진 높다란 장벽이다. 최대 높이 7.6m로 세워진 장벽은 낮에는 개방되고 밤에는 폐쇄된다.

▲ 평화의 장벽

1969년 6개월간의 시한으로 세워진 5㎞ 장벽은 벌써 50년을 넘겼고 그 길이도 점점 길어져 34㎞를 넘겼다. 설문조사에 의하면 거주민의 69%가 장벽의 존치를 원한다. 두 민족 사이의 갈등과 폭력 가능성이 아직 존재하는 것이다.

🚗 대외적으로는 다른 나라이지만 심정적으로는 동일한 국가

북아일랜드를 떠나 아일랜드로 간다. 국경 표식, 국경검문소도 없다. 대외적으로는 다른 나라지만 심정적으로는 동일한 국가다. 지구상에 분단된 국가는 한국만이 아니다. 북아일랜드가 국제법상 영국이기에 누구도 분단국가라고 하지 않을 뿐이다.

모허 절벽Cliffs of Moher, 절벽의 크기와 규모는 물론이고 자연환경, 조류의 서식 및 활동, 야생의 식생, 바다의 수자원 등 자연 생태학적으로 중요한 곳이다. 최대

모허 절벽

214m 높이의 절벽이 해안선을 따라 8㎞에 걸쳐있다. 해리포터 시리즈 6탄인 혼혈왕자 등 많은 영화와 드라마의 로케이션이 이곳에서 이뤄졌다.

▲ 포트매기

최남단 발렌시아는 포트매기 Portmagee에서 연륙교로 연결된다. 파도가 노래하고 별이 쏟아지는 해안가 절벽에서의 캠핑은 잊을 수 없는 멋진 추억의 밤이 되기에 충분하다. 발렌시아 섬에 온 것은 스켈리그 마이클Skellig Michael 섬에 들어가기 위해서다. 6세기경 성 피오난St. Finians에 의해 설립된 수도원으로 고대 문헌에도 언급된다. 수도사들은 음식이나 생활용품을 지나는 선박으로부터 조달하고, 뱃사람으로부터 세상 돌아가는 소식을 들었다.

🚗 인간의 진정한 모습은 술에 취했을 때 드러난다

케리 클리프스 포트매기Kerry
Cliffs Portmagee에서는 아찔하게
높은 절벽과 마주한다. 대서양
의 거친 바람과 파도, 세월을
묵묵히 견딘 절벽의 웅장한 모
습에 가슴 벅찬 감동이 밀려온
다. 웃음과 해학으로 한 시대를
풍미한 찰리 채플린은 왜 이곳

▲ Skellig Michael

에 있을까? 미국에서 더 유명했지만, 그의 모국은 영국이다. "인생은 가까이서 보
면 비극이지만 멀리서 보면 희극"이라 했던 채플린, "인간의 진정한 모습은 술에
취했을 때 드러난다." 했던 그는 포트매기에서 몇 년을 살았다.

'갭 오브 던로Gap of Dunloe'로 향한다. 킬케니 성Kilkenny Castle의 정원을 산책하던
할아버지는 "형님이 속초와 춘천에서 가톨릭 신부로 봉직했으며 한국에서 돌아
가시고 묻혔다."라며 우리를 반겼다.

수도 더블린은 차량, 자전거, 인파로 넘치는 대도시다. 오코넬 브리지에는 노조
지도자이며 사회주의 활동가 제임스 라킨의 동상이 있다.

아일랜드는 노사정 대화합을 통해 노사분규가 없는 나라다. 한국의 노사정 화
합은 아일랜드를 모델로 한 것이다. 제임스 동상 너머로 더블린 첨탑The Spire이 보
인다. 1995년부터 12년 동안 연평균 6% 이상으로 지속된 경제성장을 기념하기 위
해 12년에다 곱하기 10을 하여 높이 120m 첨탑을 세웠다.

🚗 독립하고 곧 후회할 거라고? 영국을 능가한 아일랜드!

아일랜드는 1990년대 초 1인당 GDP가 14,000달러에 불과했다. 현재는 룩셈부르크, 노르웨이, 스위스와 어깨를 겨누는 경제 부국이다. 아일랜드가 독립할 당시 영국은 이렇게 말했다. "너희들 곧 후회할 것이여~" 지금은? 경제적으로 영국을 훨씬 능가하는 나라가 되었다.

▲ 더블린 시가지

▲ 조나단 스위프트

성 패트릭 성당St. Patrick's Church은 1726년 걸리버 여행기를 집필한 조나단 스위프트가 주임신부로 재직했던 곳이다. 영국인 부모를 둔 그는 《걸리버 여행기》를 통해 당시 아일랜드를 통치하던 영국 사회와 정치를 맹렬하게 비판했다.

성 스테판 그린 파크St. Stephan's Green Park에서 아일랜드를 빛낸 문인을 만났다. 윌리엄 예이츠는 시인 및 극작가로 노벨문학상을 수상했으며 20세기 가장 영향력 있는 문인이었다. 그의 대표적 서정시 〈이니스프리의 호도〉는 우리나라 국어 교과서에 실렸다.

▲ 윌리엄 예이츠   ▲ 제임스 조이스

《율리시스》와 《더블린의 사람들》의 제임스 조이스도 더블린 출신이다. 그는 37년간 국외에서 방랑했지만, 작품의 배경과 원천은 언제나 그의 고향인 아일랜드와 더블린이었다.

오스카 와일드의 유명한 말이 있다. "세상은 복잡하지 않아, 우리가 복잡한 것이야." "나는 젊을 때 돈이 제일 중요하다고 생각했어. 그런데 나이가 들고 나니 그게 사실이더군." 그도 아일랜드 출신이다.

아일랜드를 이해하려면 1000년 가까이 외세의 침략과 지배를 받았으며, 그중 800년은 영국의 식민지였다는 역사적 사실을 알아야 한다. 게스트하우스 사장은 비록 농담이지만 "내일 아침 길거리에서 영국인을 만나면 총으로 쏴 버리겠다."라고 했다. 오래도록 타민족의 지배를 받으며 꿋꿋하게 버틴 것은 그들이 가진 종교의 힘이다. 가톨릭 성지로 아일랜드를 꼽는 것도 그 이유다.

레지오 마리애의 창시자 프랑크 더프의 집을 찾았다. 그의 생가 인근에는 레지오 마리애의 총본부가 있다. 영국 홀리헤드Holy head로 가는 카페리에 올랐다.

▲ 오스카 와일드

▲ 아일랜드는 800년 동안 영국의 식민 지배를 받았다.

▲ 프랑크 더프의 집

▲ 더블린에서 홀리헤드로 가는 카페리

서유럽

| 내 차로 가는 유럽여행 |

다시 유럽의 심장을 향해

● 벨기에, 네덜란드, 룩셈부르크 ●

조각가 로댕의 《칼레의 시민》은 인간의 본성을 표현한 리얼리즘의 극치다. 오줌싸개 조각상을 보고 《레미제라블》과 《노트르담의 꼽추》를 집필한 빅토르 위고를 만났다. 풍차마을 잔세스칸스, 고흐 미술관에서 〈해바라기〉를 보고 안네 프랑크 하우스에 들렀다. 헤이그의 이준열 열사기념관에서는 일본의 부당한 침략을 폭로하고 대한제국의 주권 회복을 호소한 애국지사의 구국 충정을 눈물 나게 느꼈다. 부동의 잘 사는 나라 세계 1위 룩셈부르크로 간다.

🚗 죽음을 앞둔 인간의 두려움·고뇌·고통·슬픔, 〈칼레의 시민〉 동상

프랑스 칼레에는 로댕의 조각상 〈칼레의 시민〉이 있다. 영국 에드워드 3세는 1346년 8월 26일, 칼레를 포위했다. 시민들은 거세게 저항했지만 결국 항복하기에 이르렀다. 에드워드 3세는 항복 수용의 조건으로 시민군 6명의 목숨을 요구했다. 7명의 시민이 지원했다. "누가 살아남지?" 다음 날 한 명이 나타나지 않아 집으로 가니 죽어 있었다. 살아남을 수

▲ 로댕의 조각상, 〈칼레의 시민〉

있는 한 명에 들기 위해 지원자들이 갈등과 번민에 빠지는 것을 우려하여 자기 목숨을 미리 버린 것이다. 교수형에 처할 순간 임신 중이던 에드워드 3세의 왕비가 간청했다. "폐하, 뱃속의 왕자를 생각해서라도 그들을 살려 주세요." 그들의 교수형은 취소되었다. 로댕은 〈칼레의 시민〉 조각상을 1895년 6월 3일 칼레에 헌정했다. 작품 속의 시민 영웅들은 당당하고 의연한 모습이 아니다. 죽음을 앞둔 인간의 두려움과 고뇌, 고통, 후회, 슬픔의 감정과 표정을 고스란히 담았다.

🚗 끊임없는 외세의 침략과 지배, 벨기에

벨기에의 첫 번째 도시는 브뤼헤Brugge다. 마르크트 광장 주변에 길드하우스가 있다. 고딕 양식의 플랑드르 주 청사 주위로는 화려한 색상의 전통가옥이 가득 들어찼다.

▲ 고딕 양식의 플랑드르 주청사

▲ 화려한 색상의 전통가옥 길드하우스

그중 가장 눈에 띄는 곳에 브라보 동상이 있다. 사람의 잘린 손목을 움켜쥐고 멀리 던져 버리기 직전의 에너지와 파워가 넘치는 모션이다. 로마 시대 브라보라는 사람이 악행을 일삼는 폭군의 손목을 잘라 강으로 던졌다. 잘린 손목의 끝에서 피가 솟구치듯 분수를 뿜는다. 광장 뒤편으로 연속되는 부르그^{Burg} 광장에는 성혈예배당^{Basiliek Heiling Blood}이 있다. 십자군 원정 당시 콘스탄티노플에서 가져온 예수그리스도의 성혈이 모셔져 있어 많은 순례자와 신자들이 이곳을 찾는다.

두 번째 도시 안트베르펜^{Antwerpen}은 중세 유럽 제일의 무역항이었다. 도시를 상징하는 인물은 화가 루벤스^{Rubens}로 그의 생가는 미술관으로 사용된다.

▲ 성혈예배당

수도 브뤼셀^{Brussel}로 간다. 벨기에는 내륙으로 독일, 프랑스, 네덜란드 등 강대국에 둘러싸이고, 바다 건너 영국과 지척이라 육지와 바다로부터 끊임없이 외세 침략과 지배를 받았다. 영세중립국을 선포했지만, 나치 독일의 침략을 당한 우울한 역사를 가지고 있다. 영세중립이 별 볼 일 없다는 것을 깨달은 벨기에는 네덜란드와의 연대를 통해 강대국 틈새에서 생존을 모색했다. 외교력 강화를 통해 NATO

▲ 브라보 동상

창설을 주도했으며, 많은 국제기구를 수도 브뤼셀에 유치함으로써 명실상부한 국제도시가 되었다.

브뤼셀 관광의 중심은 그랑플라스 Grand Place다. 프랑스 출신의 낭만파 시인이자 소설가 빅토르 위고는 말했다. "그랑플라스는 세상에서 제일 아름다운 광장이다." 고딕과 바로크 양식의 시청사와 왕의 집, 길드, 초콜릿박물관, 카페, 레스토랑이 그랑플라스 광장을 빈틈없이 둘러싼다.

▲ 그랑플라스에서 펼쳐지는 미디어 파사드

유럽의 광장은 통상 원형이나 타원형으로 구도심이 훤히 보이는 개방형의 권위적 형태를 보인다. 하지만 그랑플라스는 중세건물이 광장을 에워싸고 외부에서는 광장 내부가 보이지 않는 폐쇄적인 직사각형이다. 그랑플라스는 밤이 되면 낮보다 더 많은 여행자가 광장을 꽉 채운다. 중세건물의 벽을 스크린으로 삼아 펼쳐지는 미디어 파사드Media Facade는 화려함과 황홀감의 절정이다.

🚗 브뤼셀의 최고 명사는 단연 오줌싸개 동상, 벨기에

1619년에 조각된 오줌싸개 동상은 나체가 아니라 옷을 입고 있었다. 왕의 집에 보관된 600벌의 오줌싸개 의상은 세계 각국에서 보내온 것인데, 그중에는 한복도 있다.

골목으로 가면 쇠창살에 갇힌 '오줌싸는 소녀' 상이 있다. 오줌싸개의 인

빅토르 위고 동상

기에 편승한 도플갱어지만 10년쯤 지나면 이곳에도 여행자가 몰려올 것이다. 오늘
도 내일이면 과거가 된다. 그리고 오래지 않아 역사가 된다. 볼거리를 만들며 미래
를 예비하는 유럽인의 자세는 우리가 배워야 한다.

한편 《레미제라블》과 《노트르담의 꼽추》의 작가 빅토르 위고의 동상이 있다.
그는 1851년 프랑스 나폴레옹 3세의 제정수립에 반대한 이유로 추방되어 벨기에
를 시작으로 19년이라는 긴 세월의 망명길에 올랐다. 현실정치에 깊숙하게 그리
고 적극적으로 참여한 작가이자 정치인이었다. 그는 벨기에에서도 쫓겨나 영국 자
치령의 섬 건지Guernesey로 이주했다. 벨기에 사람들은 잠시 머물다 떠났을 뿐인
빅토르 위고의 동상을 광장에 세우고 그를 기린다.

유럽은 종교의 일치, 광역 경제, 동일 생활권으로 인적, 물적 자원과 문화를 공
유해 왔다. 그래서 다른 국가와 민족의 역사와 문화를 받아들이는 것에 익숙하고
관대하다.

길거리를 걷다 보면 파란 스머프가 많이 눈에 띈다. 선풍적 인기를 끈 만화영화
〈파란 난쟁이 스머프〉는 벨기에 작가 피에르 컬리포드가 만든 캐릭터다.

난쟁이 스머프

브뤼셀에는 EU 본부 등 국제기구가 많다. 그런 이유로 종종 테러단체의 공격을 받는다. 2016년, EU 본부 앞의 지하철 슈만 역과 브뤼셀 공항에서 IS에 의한 연쇄테러가 발생해 30여 명의 아까운 인명이 살상되었다.

▲ EU본부

▲ 유럽은 종교의 일치, 광역 경제, 동일 생활권으로 인적, 물적 자원과 문화를 공유해 왔다.

유럽의 여러 나라는 자국의 맥주가 원조이고 맛이 제일이라고 자랑한다. 벨기에 맥주는 유네스코 세계 무형문화유산으로 유일하게 선정됐다. 1인당 소비량 1위, 200개가 넘는 양조장, 500여 종의 브랜드, 엄선된 물과 원료로 만드는 벨기에 맥주는 조상 대대로 이어져 내려온 전통 문화유산이다.

🚗 안데르센 동화 속에 나오는, 풍차가 돌고 도는 전원마을, 네덜란드

흐로닝언Groningen은 네덜란드 북부에 있는 문화와 교육의 도시다. 1614년 개교한 흐로닝언 대학교는 오랜 전통을 자랑하는 명문대학이다. 도시가 역동적인 것은 젊은이들이 많기 때문이다. 한국을 비롯한 여러 나라에서 온 많은 유학생들로 활기가 넘치는 국제도시다.

알크마르Alkmaar에 있는 바흐 광장에서는 1365년부터 시작된 치즈 시장이 4월부터 9월까지 매주 금요일 10시에 열린다. 각지에서 생산된 치즈가 이곳에 모여 전

Cheesemarket

통 방식에 의해 판매된다. 도심의 운하를 따라 아기자기하고 예쁜 상점이 들어서 있어 작은 베네치아가 연상되는 아름다운 도시다. 조선 인조 때에 귀화한 네덜란 드인 박연(벨테브레이)이 이곳 태생이다.

▲ 네덜란드의 상징 풍차

잔세스칸스의 풍차

잔세스칸스Zaanse Schans는 안데르센 동화에 나옴 직한 마을로 네덜란드 상징인 풍차로 유명하다. 잔Zaan 내해에 놓인 4기의 거대한 풍차가 푸른 목초지와 어울려 전통적이고 목가적인 전원풍경을 보여준다.

근처에는 굽 높은 나막신을 제작하는 공방이 있다. 국토의 25%가 바다보다 낮아 바닥이 질퍽거리고 강우일수까지 많아 나막신을 만들어 신었다.

▲ 암스테르담

수도 암스테르담으로 간다. 12세기 경 홍수로 인한 하천 범람을 막기 위해 암스텔 강 하구에 둑을 쌓아 조성한 도시다. 빈센트 반 고흐 미술관과 국립박물관에 들렀다. 네덜란드에서 태어난 반 고흐는 여러 직업을 전전하다 뒤늦은 27세에 화가로 입문했다. 주요 작품으로는 〈해바라기〉, 〈회색 모자를 쓴 자화상〉, 〈감자 먹는 사람들〉, 〈아를에 있는 고흐의 방〉, 〈아를의 도개교〉 등이 있다. 자신의 귀를 자르는 자해로 정신병원에 입원하기도 했던 고흐는 1890년 파리에서 권총으로 자살하며 생을 마감했다. 1885년에 개관한 국립박물관은 렘브란트의 〈야경〉으로 유명하며 고흐와 고야의 작품이 있다.

▲ 빈 센트 반 고흐 미술관

▲ 마헤레 다리

운하를 끼고 있는 문트탑Munttoren을 지나면 꽃시장이 나온다. 화훼산업이 발달한 네덜란드는 연간 꽃 생산량이 유럽 전체의 절반에 이르는 1조가 넘는 시장이다. 그러나 꽃이라는 것이 시장경기에 민감한 산업이라 경기가 침체되면 꽃 소비가 급격히 감소하는 것이 문제다.

암스텔 강을 따라가면 마헤레 다리Magere Brug가 나온다. 선박 항행을 병행하는 도개교다. 네덜란드에서는 약속 시간에 늦을 때 "다리가 들려서 늦었다."라고 하면 다소 용서가 된다. 철학자 스피노자 동상을 만났다. 유대인이었지만 유대교회에서 파문당한 자유주의자다. '철학자들의 그리스도'로 불리는 스피노자는 예속의 상태로부터 벗어나야 상상적 원인이 근절되며 지성을 통해 적절한 원인을 인식하는 합리적 질서를 갖게 된다고 보았다.

북해 운하

스피노자와 헤어져 렘브란트 생가로 가는 길에 벼룩시장을 들렀다.

새것인 듯 헌것인 듯한 온갖 잡동사니의 생활물품을 판다. 네덜란드가 잘 사는 나라가 된 이유 중 하나가 검소하고 실용적인 국민성이라는 것을 느끼기에 충분하다. 네덜란드를 대표하는 화가는 렘브란트다. '붓의 화신'으로 불리는 렘브란트는 모든 사물을 물감의 농도와 빛을 이용하여 명암대비를 통한 독창적 기법으로 표현했으며 회화뿐 아니라 판화로도 많은 작품을 남겼다.

🚗 전쟁의 걱정과 슬픔을 일기로 이겨낸 소녀

여행이 즐겁기만 한 것은 아니다. 《안네의 일기》로 알려진 안네 프랑크 하우스가 그렇다. 비수기임에도 1시간 가까이 기다려 입장했다. 네덜란드를 점령한 독일 나치의 유대인 탄압으로 1942년 7월 6일 안네 프랑크의 가족 4명은 아버지 오토의 회사 건물로 은신한다. 뒤이어 아버지의 사업파트너인 펠스 가족 4명이 합류하여 회사 건물 별관의 위층에서 숨어 지냈다. 그녀는 "우리는 공장 사람들이 소리를 듣지 못하도록 낮에도 속삭이며 대화하고, 걸을 때도 소리를 내지 않아야 했다." 라고 일기에 썼다. 안네는 아버지로부터 생일선물로 받은 일기장을 통해 기록을 남겼다. "글을 쓰면 걱정과 슬픔이 사라지고 기분이 좋아졌다." 안네는 언젠가 전쟁이 끝나고 유대인이 사람으로 인정받는 날이 올 것으로 믿었다. 1944년 8월 4일, 독일 비밀경찰은 익명의 제보에 의해 건물을 급습하고 안네를 포함한 8명을 찾아내 강제수용소로 보냈다. 안네는 장티푸스로 사망했으며, 아버지를 제외한 사람은 질병과 가스로 목숨을 잃었다. 혼자 살아남은 안네 프랑크의 아버지 오토 프랑크는 후세에 이 사실을 알리기 위해 《안네의 일기》를 출간했다.

▲ 안네 프랑크

밖에 나가 자전거도 타고, 춤도 추고, 휘파람도 불고, 다른 아이들과 뛰놀고 싶고, 자유라는 것도 느끼고 싶다던 안네 프랑크는 어른들이 만든 편견과 박해로 만 16세의 어린 나이에 세상을 떠났다.

🚗 어둠이 내린 홍등가에 흘러넘치는 관용, 네덜란드

네덜란드는 성에 관대하고 개방된 나라다. 길거리에는 섹스용품점과 에로틱 박물관이 공공연히 영업한다. 2001년 세계 최초로 동성 결혼을 허용했으며, 그보다 앞선 2000년에는 성매매를 합법화했다. 남성이든 여성이든 성매매는 불법이 아니다. 이유가 있다. 불법 규제로 인해 성매매 종사자의 인권이 침해되거나 자기 신체에 대한 주도적 권리행사를 막아서는 안 된다는 것이다.

암스테르담은 관용Gedogen의 도시다. 중심가의 좁은 운하를 끼고 줄줄이 늘어선 홍등가 드 발렌De Wallen, 붉은 불빛으로 밤거리를 밝히는 홍등가는 관광객으로 넘친다. 네덜란드 관광청에서 공식적으로 홍보하는 관광명소인 홍등가는 성을 은밀하거나 가슴 속에 담아 두는 것이라고 생각한 사람들에게 신선한 문화적 충격으로 다가온다.

▲ 홍등가 드 발렌

▲ 운하 도시 암스테르담

최근 시의회는 홍등가를 시 외곽으로 옮기는 내용에 합의했다. 일하는 여성의 대부분이 동유럽 출신으로 관광객들에 노출되어 그들의 노동 가치가 조롱당하고, 희화화되는 것이 부당하며, 성 노동자에게 자율권을 주고자 하는 신념에 어긋난다는 이유다. 즉 이용자만 출입하는 것이 맞다는 이야기다.

헤이그Hague로 간다. 네덜란드는 작지만 강하다. 끊임없이 외세 침략을 받았으나 결코 물러서지 않았다. 나아가 16세기 이후에는 동인도회사와 서인도회사를 통해 세계로 진출했다. 벨테브레이는 1627년 동료 선원 2명과 일본 나가사키로 항해하던 중 태풍을 만나 제주도에 상륙했다. 관헌에게 체포되어 한양으로 압송됐으며 조선으로 귀화했다. 그들은 훈련도감에 배속되어 무기 제조하는 일을 맡았다. 두 명은 병자호란 당시 전사했고 살아남은 벨테브레이가 바로 박연이다. 또 1653년 동인도회사 소속의 선원인 하멜은 일본으로 항해 중 폭풍우를 만나 제주도에 상륙했다. 그는 1666년 조선을 탈출해 고향으로 돌아갔다. 그리고 《하멜표류기》를 집필하여 조선이란 나라를 서방에 최초로 알렸다. 당시 조선은 쇄국정책으로 인해 세상이 어찌 돌아가는지 알지 못했고, 유교와 주자학에 빠져 탁상에서 공론하며, 중국을 사대하기를 게을리하지 않았다.

🚗 헤이그 세계만국평화회의 참가 자격조차 없었던 대한제국

대한제국 독립운동사에 있어 중요한 역사적 의미를 가진 도시가 헤이그다. 이 도시에서는 독립운동가의 발자취를 돌아보고 국가와 민족을 위한 그분들의 숭고한 정신을 헤아려야 한다. 바겐슈트라트 ^{Wagenstraat} 거리에 있는 이준 열사 기념관 ^{Yi Jun Peace}에 들렀다. 1907년, 헤이그에서 순국한 이준 열사를 추모하기 위해 세운 기념관이다.

▲ 이준 열사 기념관

1905년, 일본은 을사늑약 조약을 체결하고 대한제국의 외교권을 박탈했다. 이로써 대한제국은 사실상 국권을 잃었다. 1907년 고종은 헤이그에서 열린 세계 만국 평화회의에 이준, 이상설, 이위종을 대한제국 대표로 파견해 을사늑약의 무효를 전 세계에 알리고 국권을 되찾고자 했다.

▲ 기념관 내부

▲ 호텔 De Jong 객실

그러나 "대한제국은 일본의 속국이므로 참가 자격이 없다."는 일본과 열강의 반대로 만국평화회의에 참석할 수 없었다. 이준 열사는 "왜 대한제국을 제외하는가?"라는 호소문을 발표하고 머무르던 'De Jong Hotel'에서 순국했다.

1995년 8월 5일, De Jong Hotel은 이준 열사 기념관으로 개관했으며, 유럽에 하나밖에 없는 항일 독립운동의 사적지가 되었다. 네덜란드에서 50년 가까이 거주

▲ 송창주 기념 관장님 내외분

▲ 당시 세계 만국 평화회의가 열린 드 리더잘 홀

하시는 송창주 관장 내외분은 한국에서 국산 자동차를 타고 찾아온 사람은 우리가 처음이라고 하시며 반가워했다.

그리고 1907년 당시, 세계 만국 평화회의가 열린 드 리더잘The Knight Hall을 찾아 나라 잃은 슬픔과 약소국의 비애로 피눈물을 흘린 이준, 이상설, 이위종 님의 마음을 헤아려 보았다.

에라스뮈스Erasmus 다리를 건너 로테르담으로 들어간다. 에라스뮈스는 사생아로 태어나 출생 시기가 명확하지 않다. 수도원에서 성장하고 수도사가 된 그는 중세 교회에 대해 비판적이었으나 마틴 루터의 신교에는 합류하지 않았다. 인문학자로서 근대 자유주의의 선구자이자 휴머니스트인 에라스뮈스의 고향이 로테르담이다. 도시는 세계대전 당시 독일 공습으로 폐허가 되었으나 전후 복구를 통해 새롭게 태어났다.

로테르담은 디자인과 공간의 도시다. 독창적이고 창의적인 디자인을 가진 건축물이 도심에 즐비하다. 큐브 하우스Cube House를 찾았다. 인간이 가진 창의성과 독창성의 끝은 과연 어디까지일까? 육교 위로 옐로컬러의 집합 건물을 올렸다. 주목받는 이유는 정육면체 주택의 꼭짓점이 지면을 지탱하는 불안한 구조 때문이다. 도시는 건축이다. 건축가의 아이디어는 도시가 가진 자산이다. 규제와 법규를 넘어 디자인을 우선하는 도시가 로테르담이다.

▲ 디자인과 공간의 도시

하이웨이를 달려 위트레흐트Utrecht로 간다. 필립스는 세계적인 전자제품 브랜드로 이 도시에서 창업됐다. 필립스 스타디움은 허정무, 박지성, 이영표가 뛰었던 프로축구팀 PSV 아이트호벤의 홈구장이다.

🚗 작지만 큰 나라, 가장 잘 사는 룩셈부르크

룩셈부르크는 부국이고 소국이다. 세계 1위의 1인당 GDP, 서울시보다 4배 큰 영토, 전주시 인구 65만 명 정도의 단촐한 인구, 한국전쟁 당시에는 전투부대를 파병한 혈맹으로 83명이 참전해 2명이 전사했다. 자본과 무역 거래에 낮은 세율을 부과해 조세부담이 적고, 비밀이 보장되어 많은 유럽 부호들이 룩셈부르크로 국적을 옮겨 경제활동을 한다. 이 조그만 나라에 14,000개의 지주회사, 280여 개의 금융기관, 4,000여 개의 투자펀드사가 법인 소재지를 두고 있다. EU는 역내 자본이 스위스나 룩셈부르크 같은 조세 회피처로 이동해 세금을 통한 재원 확보가 어렵자 조세제도를 개편해 회원국의 모든 기업에 동일한 법인세를 부과하는 것을 추진하고 있다.

룩셈부르크

▲ 라틴과 게르만의 교차지역, 룩셈부르크, 독일, 프랑스어가 공용어다.

룩셈부르크 여행의 중심은 헌법 광장이다. 노트르담 대성당은 1620년을 전후로 지어졌으며, 성당과 연결되는 고딕 양식의 긴 건물은 국립도서관이다. 제일 아름다운 건물은 대공 궁전Palais Grand Ducal이다. 16세기 플랑드르 르네상스 양식으로 건축된 궁전은 여름 성수기에 개방하며 작은 나라답게 근위병이 딱 한 명이다. 관광의 핵심은 복Bock 포대로 알제타Alzetta 강 절벽을 따라 성벽을 만들고 대포를 설치했다. 독일 고대도시 트리어Trier와 아헨Aachen으로 간다.

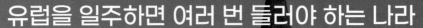

유럽을 일주하면 여러 번 들러야 하는 나라

• 독일, 프랑스 •

유럽의 중심은 독일과 프랑스, 유럽을 빠짐없이 돈다면 여러 번 들러야 한다. 프랑스에서는 소매치기와 차량 도둑을 조심하자. 우리도 소매치기를 당했다. 독일은 온갖 물품의 구입, 차량 점검과 정비에 유리하다. 로맨틱가도에서 중세도시와 전원마을을 만나고 마인 다리에 올라 화이트와인을 마시며 삶과 인생을 이야기했다. 그리고 알펜가도를 따라 알프스 산을 원도 한도 없이 오르내렸다.

🚗 14세기에 건설한 시청에서 근무하는 공무원들이 부럽다

자동차 여행을 떠나 독일 국경
을 세 번째 넘는다. 고대도시 아헨
과 트리어를 찾았다. 유럽 대도시
의 지하주차장은 대개 2.1m의 제
한 높이를 가진다. 차고가 높아 지
하 주차장에 들어가지 못해 시간
을 많이 허비했다. 8세기경 왕실에

▲ 광장 야외 테라스

서 지은 'King's Hall'의 여유 부지에 14세기경 건설한 시청Archener Rathaus을 아헨
대성당으로 잘못 알고 들어갔다. 오랜 역사를 가진 시청에서 근무하는 공무원들
이 부러웠다. 광장의 야외 테라스에는 햇볕만 비추면 쌀쌀한 날씨는 개의치 않는
유럽인들이 망중한을 즐긴다.

아헨 대성당의 입구 회랑에는 늑
대와 솔방울의 주물동상이 좌우로
있다. 늑대는 지배자의 힘과 권력을
뜻하고 솔방울은 영적인 종교를 의
미한다. 중세 신성로마제국이 수도
로 삼고자 했던 도시가 아헨이다.
신성로마제국은 10세기부터 19세기

▲ 아헨 대성당 내부 돔

의 독일제국으로 고대 로마의 연장과 그리스도교의 일치를 기치로 탄생했다.

아헨 대성당은 805년 축성이 이루어졌으며 932년부터 1531년까지 32명의 국왕
대관식이 거행된 유서 깊은 성당이며 아헨의 랜드마크다.

🚗 고대 로마 유적과 유물을 가장 많이 보유한 도시

트리어로 이동한다. 기원전 4세기경부터 기원후 4세기경의 고대 로마유적과 유물을 가장 많이 보유한 도시다. 바르바라 테르멘 Barbara Thermen은 로마를 벗어나 지어진 목욕탕 중에서 제일 크다. 서기 2세기에 지어진 욕탕에는 열탕

▲ Porta Nigra

실, 바디케어실, 온천수영장이 있다. 가운데가 텅 빈 타일기둥으로 더운 공기를 보내 대류현상에 의해 위로 올라가게 하여 열을 보존하고 순환시켰다. 하루 1,230톤의 물을 보일러로 데워 가로 11m와 세로 20m의 수영장에 공급하고 교체된 물은 덕트를 통해 모젤 강으로 흘려보냈다. 오늘의 사우나와 무엇이 다른가?

▲ 트리어 시가지 전경

트리어는 아늑하고 정감 있는 분지형 도시로 바라만 보아도 심성과 감성이 푸근해진다. 원형경기장에서는 글래디에이터와 짐승의 결투에 더해 뮤지컬과 종교축제가 열렸다.

1818년 카를 마르크스 Karl Marx가 트리어에서 태어났다. 그는 저서 《자본론》을 통해 자본주의 경제는 궁극적으로 자기모순으로 인해 붕괴할 수밖에 없다고 주장했다. 또 노동자는 그 잉여가치만큼 자본가로부터 착취당한다고 보았다. 그는 공산주의 혁명을 위한 프롤레타리아의 계급투쟁과 무계급사회라는 이상적인 평등사회를 추구했다. 사회주의를 거쳐

공산주의가 오는 것은 역사적 필연이라고 보았으며, 이를 앞당기기 위한 노동자혁명이 반드시 필요하다고 역설하고 선동했다. 마르크스의 이론과 주장은 레닌으로 계승되어 이데올로기의 한 축으로 발전했으나 동구권과 소비에트 연합의 해체로 인해 쇠퇴했다.

🚗 연인, 친구, 가족이 난간에 기대어 사랑과 우정을 나누는 다리

로맨틱가도Romantische Straße는 뷔르츠부르크에서 퓌센으로 가는 길이다. 원래는 연인들의 길이 아니라 로마로 통했던 길이다. 뷔르츠부르크 시내에 있는 인포메이션에서는 로맨틱가도의 한국어 팸플릿을 얻을 수 있다. 'Dom street'를 지나면 마인Main 강에 놓인 브리지가 나온다.

지나가는 다리가 아니다. 연인, 친구, 가족이 다리난간에 기대어 사랑과 우정을 나누는 다리다. 이곳에서는 화이트와인을 마시는 것이 전통이라 모든 이들의 손에는 와인 잔이 들렸다. 와인은 다리 입구에서 잔술로 판매한다.

마인에서는 교량난간에 기대 화이트 와인을 마셔야 한다.

상류는 호수같이 잔잔하고 하류
는 물살이 세다. 강을 따라 중세가
옥이 있고 산 위로 마리엔 베르그
Marienberg 요새가 보인다. 본격적으
로 로맨틱 가도를 달려 남쪽으로
간다.

▲ 로텐부르크 시가지

로텐부르크는 유럽의 올드타운 어느 곳에도 비견할 구시가지가 있다. 남부 전
통 양식의 가옥이 골목골목으로 가득 들어찼다. 새로 짓는 건물까지 전통 양식
을 고집하는 독일인의 우직하고 고지식함의 원천은 무엇일까? 찾아보기 힘들 정
도로 과거를 없애고 지우는 우리와 달라도 너무 다르다. 아우크스부르크Augsburg
로 간다.

🚗 알펜가도의 낭만과 쾨니히스제 호수

아우크스부르크 타운 홀Augsburg Town Hall은 중세 고딕 양식으로 지어진 매력적
인 건물이다. 님펜부르크 궁Schloss Nymphenburg은 바이에른 왕가가 여름에 거주하
던 성이다. 베르사유 궁전을 모델로 했으며 넓은 정원과 커다란 호수가 있다. 실
내에는 21개의 방이 있는데 제일 유명한 방이 미인
갤러리다. 왕 루드비히 1세는 궁정화가인 요세프
스틸러에게 구두장이 딸로부터 왕의 딸에 이르기
까지 다양한 사회계층에 속한 36명의 미인 초상화
를 그릴 것을 지시했다.

▲ 왕 루드비히 1세의 정부 롤라 몬
테즈

그중에는 자신의 정부였던 롤라 몬테즈의 초상
화도 있다. 아우크스부르크에서 노선을 수정했다.

뮌헨을 경유하여 알펜^{Alpen}가도를 달려 프랑스로 가기로 했다.

날씨가 많이 따뜻해졌다. 알펜가도가 시작되는 도시는 베르히테스가덴^{Berchtesgaden}이다. 산 너머는 이탈리아, 오스트리아, 리히텐슈타인이고 알펜루트의 끝에서 스위스와 만난다. 알프스산맥의 북쪽 사면을 따라가는 도로가 알펜가도다.

가는 길에 들른 높은 바위 절벽으로 둘러싸인 쾨니히스제^{Königssee} 호수는 짙은 에메랄드 빛으로 바람 한 점 없이 고요하고 잔잔하다.

피오르를 닮은 호수는 88㎞로 좁고 길다. 애완견도 요금을 받는 유람선은 항해 도중에 '에코 절벽^{Echowand}' 앞에 멈췄다. 옛날에는 검정 연막을 뿜는 작은 대포를 7번 쏘아 산을 울렸다. 선장이 절벽을 향해 후루겔 혼을 연주하니 에코되어 돌아오는 소리가 여행자의 심장을 울린다.

▲ 유람선 선장

호수를 더욱 멋지게 하는 것은 유람선 종점에 있는 성 바르톨로메오^{St. Bartholomeo} 수도원이다.

성 바르톨로메오 수도원

히틀러의 별장으로 유명한 이글 네스트The Eagle's Nest를 올라가면 날이 맑을 때에는 200㎞까지 조망된다. 정상의 'Teahouse'는 히틀러의 50회 생일에 헌정됐다.

맞은편에 있는 산악도로 로스펠트슈트라세Roßfeldstraße는 오스트리아로 가는 알파인 도로다. 장엄하고 아름다운 산세를 자랑하는 알프스산맥은 유럽을 동서로 관통한다. 가장 높은 산은 프랑스와 이탈리아 국경에 있는 몽블랑으로 4,807m 높이다. 알프스산맥을 횡단해 오스트리아 국경을 넘었다. 그리고 러모스Lermoos에서 다시 독일로 들어와 린더호프Linderhof 캐슬로 간다. 산속으로 굽이굽이 나 있는 넉넉한 1차선의 도로를 달려가자 커다란 호수가 나타났다. 에메랄드빛의 호수에 비친 산의 자태가 너무 아름다워 가던 길을 멈추고 한참을 머물렀지만 그래도 발이 떨어지지 않았다. 하이웨이를 달려 퓌센으로 들어왔다.

🚗 미녀가 잠든 동화 속의 성, 노이슈반스타인

슈반가우Schwangau에는 노이슈반스타인 성과 호엔슈반가우 성이 있다. 바이에른의 마지막 왕 루드비히 2세는 비운의 왕으로 와그너 음악에 심취하고 오페라를 즐긴 감성적인 왕이었다. 동시에 낮에는 자고 밤에 썰매를 타거나 말을 타고 다니는 등 기이한 행동으로 미친 왕이라는 세인의 평을 받았다. 그는 경치가 좋은 곳에 막대한 자금을 들여 성을 짓는 등으로 백성의 원성을 들었고 설상가상으로 동성애에 휩싸였다. 총 3개의 성을 지었는데 그중의 하나가 노이슈반스타인 성이다.

1869년에 완공된 성은 월트디즈니가 제작한 '잠자는 숲 속의 미녀Sleeping Beauty'의 모티브가 되었다. 정부는 왕 루드비히 2세가 자기 행위의 결과를 합리적으로 판단할 의사능력이 없는 심신상실의 상태에 처해 있다고 판단했다. 이어서 금치산자로 폐위시켰으며 얼마 후 그는 호수에서 익사체로 발견되었다. 왕 루드비히가 탄핵된 큰 이유는 성을 건축하여 국고를 탕진한 것이다. 지금 노이슈반스타인 성

노이슈반스타인 성

은 세상에서 가장 아름답다는 명성을 얻으며 한해 수백만 명이 찾아오는 명소가 되었으니 돌고 도는 물레방아 인생이란 말이 맞는 말이다.

알펜가도의 종점은 린다우Lindau다. 알프스산맥을 품은 바다 같은 호수가 있는 휴양과 관광의 도시다. 호수 너머 보이는 땅이 오스트리아와 스위스로, 증기여객선이 오간다. 알펜가도를 마치고 하이델베르크Heidelberg로 출발한다.

호엔슈반가우 성

린다우

🚗 감시카메라가 지켜보고 있습니다. 낙서를 하면 처벌됩니다!

마울브론Maulbronn은 유럽에서 가
장 완벽하게 보전되는 중세 수도원
이다. 로마네스크와 후기 고딕 양
식으로 지어진 수도원은 유래없는
독창성을 지녔다. 수도원의 탄생은
1137년 독일로 파견된 프랑스 수도
사에 의해서다. 1440년대 약 140명

▲ 하이델베르크 성

의 수도사와 신도가 있었으나 1535년 종교개혁의 여파로 수도원과 농지를 빼앗기
고 개신교 신학교로 변신했다. 수도원을 거쳐 간 학생으로는 천문학자 케플러와
데미안의 작가 헤르만 헤세가 있다.

13세기에 축조된 하이델베르크 성에는 보존과 복원이 공존한다. 기둥 필러는 쓰
러졌고 성곽은 완벽하게 복원했다. 지하에는 18세기에 만든 오크통이 있는데 와인
을 30만 병이나 담을 수 있는 세계 최대 사이즈다. 재미있는 역사가 있다. 하이델베
르크 대학교는 1823년부터 1914년까지 학생감옥을 운영했다. 학생들이 싸우거나, 술
마시거나, 소동을 피우면 최고 4주 동안 감옥에 투옥시켰다. 학생 죄인들의 자유는
어느 정도 보장되어 강의도 듣고 밥도 사
먹을 수 있었다. 일부 학생들은 벽에 그
라피티나 시를 쓰는 등 유유자적하며 감
옥생활을 즐겼다.

▲ 한국인 낙서 금지 경고

학생 감옥에는 세계 언어 중 유일하
게 한국어 안내표지가 있다.

"감시카메라가 지켜보고 있습니다. 낙서를 하면 처벌됩니다."

이게 웬 개망신인가?

🚗 프랑스 국왕의 대관식은 파리가 아닌 랭스에서 치렀다

▲ 천사의 미소 조각상

프랑스 북동부 랭스Reims, 노트르담 대성당으로 불리는 랭스 대성당은 13세기 고딕 예술의 아름다운 걸작 중 하나다. 역대 프랑스 국왕들은 파리가 아니라 랭스 대성당에서 대관식을 치렀다. 타워의 높이가 무려 81m, 외벽으로는 2,302개 조각상이 있는데 '천사의 미소'로 알려진 조각상이 유명하다. 로마네스크 양식으로 지어진 생레미 수도원은 1049년 축성되었으며 랭스에서 가장 오래된 종교 건축물이다.

▲ 베르사유 궁전

길을 달려 베르사유로 간다. 파리 교외에 있는 베르사유Versailles 궁전은 입추의 여지없이 관람객으로 넘친다. 1623년, 루이 13세가 사냥용 숙소를 지은 것이 베르사유의 출발이다. 권력을 상징하는 '거울의 방'의 창문 너머 아름다운 정원이 보인다. 813만㎡ 땅에는 1,400개의 분수와 400점의 조각상이 아름드리 나무와 관목 사이에 들어서 있다. 왕립극장에서는 루이 16세와 앙투아네트의 결혼식이 열렸다.

　수도 파리로 들어간다. 대부분의 한인 민박은 주차장을 가지고 있지 않았다. 어렵사리 파리 중심에서 약간 벗어난 곳에 있는 '파리 노아의 푸른 정원'이라는 숙소를 찾았다. 차를 주차장에 세우고 인근 역의 지하철을 이용해 파리 여행을 시작한다.

🚗 법고창신(法古創新), 옛것과 새것의 조화, 파리

　루브르 박물관은 세계 3대 박물관의 하나다. 레오나르도 다빈치의 〈모나리자〉와 밀러의 〈비너스〉 앞은 발 디딜 틈이 없다.

　나폴레옹의 승전을 기념하기 위해 세운 까후셀Carrousel개선문은 라데팡스La Defense까지 직선도로로 연결된다. 센 강 옆 노트르담 성당의 세 군데 입구를 장식하는 부조의 섬세한 조각은 현란하고 화려하다. 1163년부터 1345년까지 오랜 기간에 걸쳐 지은 고딕 양식의 성당이다. 아쉽게도 남미 여행 중에 화재로 전소됐다는 슬픈 뉴스를 들었다.

▲ 밀러의 작품. 비너스

▲ 노트르담 성당 미사

　퐁네프Pont Neuf다리는 남녀의 사랑 이야기를 담은 영화 〈퐁네프의 연인〉으로 유명하다. 몽마르트르Montmartre의 낮은 언덕은 실망스러울 수 있지만 작고 소소하기

에 오히려 끌리는 매력이 있다. 길
거리 화가들과 캐리커처 만화가들
의 데생을 보며 예술의 도시 파리
를 느낀다.

▲ 몽마르트르 언덕

　개선문으로 이동했다. 프랑스 나
폴레옹 1세가 전쟁에서 승리하고
돌아오는 장군과 병사를 환영하기 위해 세웠다. 개선문 꼭대기에 오르면 라데팡
스의 신 개선문Grande Arche이 보이고 뒤로 돌면 콩코드Concorde광장이 대로의 끝에
있다.

🚗 프랑스 대혁명 300주년이 되는 2089년에는 어떤 상징물을 만들어 세울까?

　파리를 대표하는 기념물은 단연 에펠탑이다. 1889년 프랑스 대혁명 100주년을
경축하기 위하여 만국박람회를 개최하며 설치했다. 당시 도심의 흉물이고 경관에
어울리지 않는다는 이유로 철거하자는 의견이 적지 않았다. 하지만 지금은 프랑
스와 파리를 대표하는 기념물이다.

에펠탑 야경

▲ 신 개선문

가운데가 휑하니 뚫린 육면체 형상으로 '세계로 향하는 창'이라는 주제를 가진 높이 110m의 신 개선문은 프랑스 대혁명 200주년을 기념해 1989년에 설치한 것이다. 300주년이 되는 2089년에는 어떤 상징물을 세울까? 파리는 예스러움에 새로움을 보태 도시의 매력을 더하는 창조 문화를 지녔다. 무조건 없애고 갈아엎고 새로 짓는 것만을 도시 혁신의 잣대로 삼는 우리에게 귀감이 된다.

로댕Rodin박물관에 들렀다. 정원에 전시된 '생각하는 사람'은 우리에게 너무나 친숙하다. 섬세한 표현과 자연스런 동작으로 돌덩어리를 생명체로 바꾸는 불세출의 조각가 로댕의 작품을 마음껏 감상할 수 있는 박물관이다.

콩코르드 광장은 파리를 대표하는 광장이다. 프랑스 혁명 당시 광장에 설치된 단두대에서

▲ 로댕, 생각하는 사람

1,343명이 처형됐다. 루이 16세와
앙투아네트도 죽음을 당했다.

파리 근교에 퐁텐블로^{Fontainebleau}
가 있다. 1814년 나폴레옹 1세가
러시아 원정의 실패로 퇴위하고 엘
바섬으로 유배를 떠나기 전에 거주
했던 성이다.

▲ 퐁텐블로

🚗 샹젤리제에 있는 조지 V 지하철 역에서 소매치기를 당했다

샹젤리제 인근의 조지^{GeorgeV} 지하철역에서 소매치기를 당했다. 개찰구로 들어
갈 때 뒤로 다가와 주머니 속의 핸드폰을 꺼내 달아났다. 게이트가 역회전이 안
돼 소매치기를 눈으로 보고도 쫓아갈 수 없었다. 앞으로는 주머니에 전갈이나 뱀
을 넣어가지고 다녀야겠다.

르와르 강

르와르Loire강은 내륙을 동서로 관통하여 대서양으로 흘러간다. 17세기 중반, 루이 14세는 정치 중심을 르와르 강에서 파리로 옮겼다. 2세기에 걸쳐 르와르 강 유역은 프랑스 정치의 중심이었다. 오를레앙Orléans부터 낭트Nantes까지 르네상스 시대의 왕, 왕비, 애첩, 귀족의 성이 르와르 강가에 건설됐다. 처음에 만난 쉴리 성Castle of Sully은 해자에 비친 성의 자태가 아름답다.

쉴리 성

쉬농소Chenonceau 성은 강을 가로지르는 다리 위에 세웠다. 풍수지리학에서 수맥이 흐르는 곳은 잠자리나 묏자리로 피하라는 동양적 사고로는 이해하기 힘든 위치다.

2차 세계대전 당시에는 다리 가운데가 독일군과 연합군의 경계였다. 많은 유대인이 이곳을 통해 자유의 땅으로 피신했으니 구원의 성이었던 셈이다.

쉬농소 성

앙부와즈Amboise 성은 15세기 말 샤를8세가 르네상스 양식으로 건축했다. 잔잔히 흐르는 물 위로 앙부와즈 성이 투영된다. 강 건너에는 성을 바라보는 레오나르도 다빈치 동상이 있다. 불후의 명작 〈모나리자〉와 〈최후의 만찬〉을 그린 이탈리아 화가로만 그를 아는 것은 충분치 않다.

▲ 앙부와즈 성을 바라보는 레오나르도 다빈치

그림부터 시작하여 토목, 건축, 철학, 시, 물리학, 수학, 해부학 등 못하는 것이 없던 천재 레오나르도 다빈치, 그는 말년을 이곳에서 살다 죽었다. 서부 프랑스의 중심도시 투르Tours에 들어왔다.

생 가티앵Saint Gatiens대성당은 1170년 공사를 시작해 1547년에 완공했다. 스테인드글라스 〈장미의 창〉은 16세기를 대표하는 불후의 걸작이다.

북부 몽생미셸Mont Saint Michel로 간다. 해발 80m, 작은 동산을 꽉 채운 몽생미셸 수도원은 순례지로 그 역사는 AD 708년으로 올라간다.

Langeais성

▲ 몽생미셸

노르망디 아브랑슈^{Avranches}의 오베르 주교가 미카엘 대천사의 계시를 따라 수도원을 지은 것이 몽생미셸의 유래다. 백년 전쟁 당시 잉글랜드 군은 수도원을 함락하고자 했으나 수도사와 기사들이 지켜내 프랑스의 자존심을 세웠다. 1790년 프랑스 대혁명 당시에는 정치인의 감옥으로 사용되며 수도사들이 섬을 떠났다. 빅토르 위고를 위시한 유력인사들은 수도원의 복원을 강력히 요구했다. 이에 1863년 나폴레옹 3세는 감옥을 폐쇄하고 수도원의 기능을 회복시켰다. 몽생미셸 앞바다에 있는 건지 섬과 저지 섬은 영국령이다. 빅토르 위고는 건지 섬에서 정치적 망명기를 보내며 불후의 명작 《레미제라블》의 원고를 탈고했다.

🚗 산의 경치와 들의 풍경은 발길을 붙잡고…

언덕 위로 풍차가 보이고 만발한 노란 유채꽃이 들판에 가득하다. 북대서양과 북해가 만나는 영국해협은 조수간만의 차가 크다. 바닷물이 빠져나간 갯벌에는

▲ 바닷물이 빠져나간 갯벌

놀랍게도 사각형으로 구획된 수천 평의 밭이 있었다. 썰물을 뒤따라 들어간 트랙터가 석화와 굴을 채취하고 발과 망을 교체한다. 그리고 밀물이 되면 언제 그랬냐는 듯이 깊은 바다 밑으로 잠긴다.

▲ 브리타뉴 공작의 궁전

생말로Saint-Malo에 들어왔다. 6세기경 화강암 바위섬에 세운 수도원을 중심으로 시가지가 확장됐다. 당시 주교의 이름이 생 말로다. 디나흐Dinard는 생말로 만에 있는 휴양도시다. 브레스트Brest는 브르타뉴 반도의 항구도시로 프랑스에서 가장 큰 군항이며 해군사관학교가 있다. 세계대전 중이던 1940년 6월 독일 나치는 브레스트를 점령하고 잠수함 기지를 건설했다. 연합군은 폭격과 공습을 감행했으며 도시의 95%가 파괴됐다. 전후 복구사업을 통해 새로 태어난 도시다.

관광도시 낭트Nantes는 낭트칙령으로 유명하다. 1598년 4월 13일, 앙리 4세가 낭트에서 공포한 칙령이다. 당시 프랑스는 신교와 구교의 다툼으로 국론이 분열되고 국가가 양분되는 등 극심한 혼란을 겪었다. 앙리 4세는 사태를 수습하기 위해 구교로 개종하고 신교도에게 종교 자유를 일부 허용하는 칙령을 공포했다.

아르카숑Arcachon에 있는 사구를 찾았다. 풀 한 포기 나무 한 그루 섞이지 않은 순도 100%의 하얀 모래언덕이다. 먼바다까지 발달한 사구의 영향으로 바다는 바

▲ 대학생들의 길거리 공연

닥을 드러낸 잔잔한 호수와 같다. 아르카숑 해변은 천혜의 해수욕장이다. 파도 없는 잔잔한 바다와 낮은 수심, 자갈 하나 없는 깨끗한 모래가 끝도 없다.

'프랑스 와인' 하면 보르도, 보르도Bordeaux는 대서양이 지척이고 가론Garonne 강이 도심을 관통한다. 저지대에 위치한 보르도는 풍부한 수자원을 활용하는 대표적인 농업지대다. 그리고 대서양으로 연결되는 가론 강에는 내륙 항구가 있어 조선과 철강 산업이 발달했다. 아름다운 자연과 풍요로운 평야를 배경으로 다양한 양식의 건축물이 조화를 이루는 도시가 보르도다.

부르스Bourse광장은 물로 만드는 거울Water Mirror로 특별하다. 광장 바닥의 노즐에서 나온 물이 고르고 낮게 깔려 부르스 궁과 하늘을 담는 거울이 된다. 전형적인 고딕 양식으로 건축된 생 앙드레Saint Andre 대성당은 높이 81m인 두 개의 첨탑이 돋보인다.

1440년에 세운 페이 베를랑Pey Berland 타워를 오르면 구시가지가 한눈에 든다. 보르도만큼 다양한 건축양식과 역사유적을 가지고 있는 도시도 그리 흔하지 않다. 프랑스 대혁명 당시 자코뱅당과 대립하다 희생된 온건파 지롱드 당원을 추모하는 광장에는 기념비가 있으며 당원들의 영웅적 이미지를 형상화한 분수대가 있다.

남부 도시 포Pau로 이동한다. 산이 보인다. 알프스산맥 이후 산을 보는 것은 처음이다. 한국보다 7배나 넓은 땅을 가진 땅 부자 프랑스가 북부 알프스산맥과 남

▲ Water Mirror

부 피레네산맥 사이의 내륙이 모두 평야와 구릉지인 것은 질투 나는 자연의 은총
이다. 포의 뒤로 보이는 피레네를 넘으면 스페인이다. 포에서는 피레네산맥이 지
척이다. 산은 가까우나 길은 아직 멀다.

이베리아 반도

| 내 차로 가는 유럽여행 |

북대서양을 마주한 유라시아 대륙의 서쪽 끝

• 스페인, 포르투갈 •

유라시아 대륙의 끝. 지척의 바다 건너 아프리카 대륙이 손짓하고 북대서양 너머로는 아메리카 대륙이 아른거린다. 땅에 뿌리를 내리고 토박이로 살기보다 바람 부는 대로 구름 흐르는 대로 살아야 하는 노마드는 다른 대륙을 기웃거린다.

피레네Pyrénées산맥은 프랑스와 스페인의 국경이다. 프랑스 나폴레옹은 피레네산맥의 남쪽을 아프리카라고 했다. 그의 시각으로는 스페인도 아프리카다. 피레네산맥을 넘어 스페인 몽 페르뒤Mont Perdu로 간다.

▲ 몽 페르뒤 가는 길

천연의 계곡, 천 길의 낭떠러지, 높은 낙차의 폭포, 푸른 호수를 만난다. 대대로 이어온 목가풍의 생활양식이 고스란히 남아있어 유럽의 '잃어버린 세계'로 불린다. 순례자가 기도와 수행을 하던 동굴 성당과 양치기 목동이 쉬어가던 오두막이 도처에 남아있다. 과거의 삶 그대로 살아가는 순박한 이들을 만나고, 전통의 주거 양식을 고집하는 사람들이 사는 마을을 지난다.

▲ 피레네산맥

길이라 할 것도 없는 1차선의 좁은 길, 차는 보이지 않고 길은 험하다. 죽기 전에 꼭 가 봐야 할 도시인을 위한 휴양지다. 느긋하게 쉬며 에너지를 재충전할 수 있는 장소 중에 피레네 만 한 곳은 없다.

🚗 느리게 달릴수록 보이는 것이 많은 산티아고 순례길

▲ 산티아고 순례길, Camino de Santiago

산티아고 순례길^{Camino de Santiago}은 지난 삶을 돌아보고, 자신을 한없이 낮춘 고행을 통해 그리스도에게 좀 더 다가가기 위해 떠난 길이다. 그 길을 달려 알타미라^{Altamira}박물관에 도착했다.

▲ 알타미라 동굴벽화

1879년 고고인류학자의 12살 난 딸이 아빠를 따라나섰다가 발견한 동굴 벽화는 인류 역사상 가장 오랜 예술작품이다. 벽화를 본 사람들은 흥분하고 감탄했다. 동시에 위조 의혹에 시달렸다. 벽화가 그려진 것은 무려 1만 8천 5백 년 전이다. 현재 알타미라 동굴은 방문객이 내뿜는 입김과 체온의 열에 의해 벽화가 손상되는 징후가 발생해 폐쇄됐다. 여행자가 볼 수 있는 것은 벽화를 카피한 인공동굴이다.

알타미라를 떠나 피코스 데 에우로파Picos de Europa로 간다. 들녘으로 아름다운 야생화가 만개했다. 케이블카로 올라간 정상은 봄바람이 불지만, 아직 듬성듬성 눈이다. 놀랍게도 스키를 타고 내려오는 사람이 있었다.

🚗 산전수전 다 겪은 세계여행길, 도(盜)선생에게도 인사를 건넨다

세고비아Segovia는 해발 1,000m 고원 도시다. 기원전 1세기 말 세고비아를 지배한 로마는 117년에 수도교를 건설하고 고지대 주민에게 식수를 공급했다.

▲ 수도교

화강암으로 쌓아 만든 고가 2단의 수로는 놀랍게도 1907년까지 사용되었다. 수도교를 한눈에 보려면 맞은편 언덕 위의 전망대로 가야 한다.

그때 우리에게 사진 찍어 달라는 아랍계로 보이는 여성이 있었다. 계단을 올라올 때 동행이 있는 것을 분명히 보았는데, 왜 우리에게 사진을 찍어달라고 할까? 사진을 찍기 위해 팔을 올리면 다른 일행이 뒤로 접근해 주머니 속의 지갑이나

▲ 고가 2단의 수도교

핸드폰을 훔치려는 것이다. 당할 것 다 당해 본 우리의 눈에 이제 소매치기가 눈에 들기 시작했다.

세고비아 대성당의 좌측으로 유명한 알카사르 Alkazar가 있다. 로마 시대로 추정되는 성은 높이 80m 망루가 있으며 아름다운 자태로 '백설 공주'와 '잠자는 숲속의 공주'의 배경이 되기도 했다. '백설 공주' 배경이 되었다는 성은 이번이 세 번째다. 첫째는 루마니아의 펠리체 성, 두 번째는 독일의 노이슈반슈타인 성, 그리고 이번이다. 아무려면 어쩌랴? 디즈니 만화에 예쁘다는 유럽의 성은 거의 다 나오니 아름답기만 하다면야 뭐를 둘러대도 용서된다.

알카사르 궁전

다음날 들른 라 그랑하^{La Granja} 궁전은 스페인의 베르사유 궁전으로 불린다. 이곳에서 반가운 얼굴(?)을 만났다. 세고비아에서 만났던 소매치기다. 구면이라고 반갑게 서로 인사를 나눴다. 이번에는 그녀와 동행하는 파트너가 할머니로 바뀌었다.

🚗 15세기 대항해 시대의 리더, 가장 넓은 식민지를 소유했던 포르투갈

▲ 포르토 시가지 전경

중세시대, 포르투갈은 유럽과 세계를 주름잡는 강자였다. 먼저 본 놈이 임자인 시대, 포르투갈은 해외 식민지 개척의 1세대였다. 15세기 유럽 최초로 바다로 진출해 대항해 시대를 열었으며 가장 넓은 해외 식민지를 개척했다. 포르토^{Porto}는 포르투갈이라는 이름이 유래되었다 할만치의 오랜 역사를 자랑한다. 렐로 & 이르마오 서점^{Livraria Lello & Irmâo} 앞에는 티켓을 구입하려는 사람으로 긴 장사진을 이뤘다. 조앤 롤링의 소설 《해리포터》의 배경이 된 서점이다.

동 루이스 1세 다리^{Ponte de Dom Luis}는 강교 트러스로 만들어진 이층 구조의 아치형 교량이다. 아래층은 사람과 차 그리고 위층은 메트로와 사람이 다닌다. 에펠탑을 설계한 에펠의 수제자 테오필 세이리그가 설계해 1886년에 완공된 다리다. 이곳에서 내려다보이는 포르토 전경은 거침없이 시원하고 군더더기 없이 깔끔하다. 하늘과 땅, 강과 바다, 구도심을 덮은 자색의 루프가 보드랍고 따뜻하여 편안한 느낌이다.

▲ 렐로 & 이르마오 서점

▲ 동 루이스 1세 다리

가톨릭 성지 파티마Fatima로 간다. 1917년 5월 13일, 양 떼를 몰던 세 명의 어린이 앞으로 성모 마리아가 발현했다. "더 기도하는 것이 필요하다." 사람들은 성모 발현을 기리기 위해 교회를 세웠고, 바티칸의 공식 승인을 통해 가톨릭 성지가 됐다. 한 해 수백만 명의 신자가 이곳을 찾는다.

토마르Tomar에 있는 그리스도 수도원Convento de Cristo은 1160년 성전기사단에 의해 건축되었다. 11세기부터 13세기에 걸쳐 일어난 십자군 전쟁은 기독교와 이슬람

▲ 성지순례지 파티마

▲ 제로니모스 수도원

교의 갈등과 반목으로 발생했다. 기독교 신자들의 예루살렘 순례를 이슬람교도의 위협과 공격으로부터 보호하기 위해 설립된 단체가 성전기사단이다.

수도 리스본으로 간다. 제로니모스Jeronimos 수도원은 예술의 백미로 꼽힌다. 리스본에서 가장 인기 있는 명소로 1502년 미누엘 1세가 초석을 놓았으며 170년 걸려 완공했다. 성 조지 성을 오르면 대서양과 타구스강을 둘러싼 도시 전체가 보인다. 붉은 자색의 지붕으로 덮인 시가지는 여름 햇살의 따스함만큼이나 정겹다.

🚗 육지 끝, 바다의 시작, 호카 곶

▲ 유라시아 최서단 호카 곶

유라시아 대륙의 최서단 호카 곶, 포르투갈의 최서단, 유라시아 대륙의 끝이다. 자동차 여행자는 호카 곶에서 유라시아 대륙의 종주를 마무리한다. 카몽이스의 시 "여기 육지가 끝나는 곳이고 바다가 시작되는 곳이다."가 호카곶이다.

조용하고 아름다운 고도 신트라Sintra에는 포르투갈이 자랑하는 문화유산이 있다. 낭만파 시인 바이런은 신트라를 '위대한 에덴'이라고 했다. 페나 궁전은 1839년 페르난도 2세가 부인 마리아 2세를 위해 지은 성으로 왕실의 여름 별장으로 이용했다. 궁전의 권위와 체면에는 어울리지 않게 노랗고 붉은 색으로 외벽을 도포해 두드러지게 유치하다. 독일의 노이슈반스타인 성을 벤치마킹했다 하는데, 동의하기 어렵다. 궁전 박물관에는 가구, 그림, 가구, 장식품이 전시되었으나 규모와 질적으로 많이 부족하다. 당시는 왕실 문화의 절정기가 아니었다. 프랑스 대혁명의 여파로 유럽 왕정이 서서히 붕괴되고 시민사회가 대두되고 있었다.

▲ 페나 궁전

마지막 도시 에보라Evora로 향한다. 유럽연합 출범 이후 포르투갈의 물가상승은 살인적이다. 하이웨이 통행요금은 km당 200원으로 유럽 국가 중에서 비싼 축에 든다. 그리고 스페인 국경을 넘을 때까지 악착같이 요금을 징수했다. 경유 가격은 노르웨이 노르드캅을 빼고는 최고로 비싸고, 숙박비용은 북유럽 수준을 능가하며, 더욱이 중저가 호텔을 찾기 힘들었다. 슈퍼마켓의 생활물가는 노르웨이나 아이슬란드 수준이다. 단지 싼 것이 있다. 품질 좋은 오천 원짜리 와인이 수두룩했으니 잔소리 말고 와인이나 실컷 마시고 가라는 것인지도 모르겠다.

사회간접자본에 대한 지속적 투자가 이루어지지 않은 탓으로 일차선도로가 많았다. 하이웨이를 제외한 도로는 선형을 개량하지 않고 옛날 길을 폭만 넓혀 그대로 사용한다.

반면 포르토, 토마르, 리스본은 고대와 중세 문화유산의 원형 보존이 매우 우수하다. 바다와 강을 끼고 발달한 구시가지는 옛 중세 모습을 그대로 간직하고 있다. 15세기 이후 해양 대국으로 바다를 주름잡으며 식민지 확장정책으로 최고의 영토를 가졌던 포르투갈의 영광과 번영을 이들 도시에서 찾아볼 수 있다. 다시 방문하고 싶은 국가 리스트에 포르투갈을 추가한다.

🚗 메리다에는 탄탄하고 도도한 로마 역사가 흐른다

스페인 메리다Merida는 기원전 25년, 로마 아우구스티누스 황제의 통치를 받았다. 도시가 쥐 죽은 듯이 고요하다. 시에스타로 인해 다니는 사람도 차량도 없다. 한낮에는 무더위로 일의 능률이 도통 오르지 않으니 두세 시간 낮잠으로 원기를 회복하여 저녁까지 일한다는 것이 시에스타Siesta다. 2005년 12월, 시에스타를 없애자는 움직임이 일어 관공서는 폐지했다.

기원전 8년에 건설된 원형경기장에서는 검투사와 맹수 경기가 열렸다. 1만 4천 명을 수용할 수 있는 규모와 역사를 앞에 두고 감탄하지 않을 수 없다.

▲ 로만 극장

바로 옆에는 서기 15년에 건설한 로만Roman극장이 있다. 6,000명을 수용하는 극장은 신분에 따라 좌석을 구분했다. 지금도 클래식 음악회와 문화공연이 열린다. 포로 로마노Foro Romano는 무려 기원전 1세기에 세웠다. 로만 브리지Romano Bridge는 과디아네Guadiane강에 놓인 755m 길이의 다리다. 1세기 말에 놓였으며 현존하는 로마제국의 다리 중에서 제일 길다.

남부 안달루시아의 중심 도시 세비야Sevilla로 간다. 세비야 담배공장은 유럽에서 가장 많은 시가를 생산했다. 집시여인 카르멘이 경비원 돈 호세와 사랑에 빠진 무대가 바로 여기다.

세비야 대성당은 이슬람사원으로 지었으나 이슬람을 몰아낸 가톨릭에 의해 성당으로 재탄생되었다. 입구는 정교한 조각상과 석재부조로 장식했다. 내부에는 크리스토퍼 콜럼버스의 관을 메고 가는 주물 동상이 있다. 콜럼버스는 이탈리아 탐험가로 에스파냐 여왕 이사벨의 후원으로 1492년 항해를 떠나 아메리카 신대륙을 개척했다.

세비야 투우장은 현존하는 투우 경기장이다. 투우 역사와 경기 방법, 스타 투우사의 이야기 등을 스페인어와 영어 통역으로 들을 수 있다.

올드타운의 골목길은 아주 좁다. 폭 1.7m가 넘는 차는 들어오지 말라는 표지판이 있으니 잘못 들어갔다가는 벽 사이에 끼어 오도 가도 못할 수 있다.

▲ 차폭 경고 표지판

▲ 카르멘과 돈 호세가 사랑에 빠진 담배공장

▲ 세비야 투우장

북아프리카

유럽인가? 아프리카인가?

모로코

유럽인가? 아프리카인가? 헷갈리는 나라 모로코, 남으로 가니 서서히 그 모습이 드러난다. 카스바의 카페에는 눈물에 젖어 춤추는 '카스바의 여인'은 보이지 않고, 서풍을 타고 넘은 사하라의 모래 냄새가 코에 진하다. 유럽과 아프리카의 관문 모로코, 위는 유럽이요 중간은 짬뽕이고 아래는 아프리카다.

🚗 모로코 행정과 경제의 기둥, 라바트와 카사블랑카

스페인 출국심사를 마치고 탑승 부두로 들어가니 아프리카로 간다는 것이 실감 난다. 모로코행 카페리는 알헤시라스와 타리파에서 출발한다. 알헤시라스에 출 발한 배는 탕헤르메드로 가고, 타리파에서 출발한 배는 탕헤르로 간다. 배는 3시 간이나 늦은 오후 5시에 항구를 떠났다. 항해 중에 모로코의 입국심사가 있어 쉴 사이가 없다.

지브롤터 해협을 1시간 30분 항해하여 탕헤르메드에 도착했다. 자동차 통관은 까다롭지 않았지만, 입국서류가 아랍어와 프랑스어로 되어 있어 세관 여직원의 친절한 도움을 받았다. 프랑스로부터 식민지배를 받은 모로코 국민은 영어는 못 해도 프랑스어는 유창하다. 당초 계획은 카사블랑카에서 첫 박을 할 예정이었지 만 늦게 도착한 이유로 탕헤르에서 묵었다. 탕헤르는 잘 정비된 항구도시다. 아프 리카에 대해 막연하게 가지고 있던 선입견에 전혀 어울리지 않는 훌륭한 도시다.

탕헤르 시가지

▲ 하산 2세 모스크

모로코 왕국의 수도 라바트Rabat로 간다. 1912년, 프랑스와 스페인은 페스Fes 조약을 체결했다. 모로코를 프랑스 보호령으로 하고 북부 일부 도시와 서사하라를 스페인 보호령으로 하는 것이다. 1943년, 무함마드 5세는 민족주의 운동을 주도하며 모로코의 완전한 자유와 독립을 요구하는 운동을 전개했다. 이후 1956년 3월 프랑스와 모로코는 페스협약을 무효로 함으로써 모로코는 독립을 쟁취했다.

남부도시 카사블랑카Casablanca로 간다. 영화 〈카사블랑카〉의 실제 촬영은 이곳이 아니라 이름만 빌렸다. 대서양 해안을 매립해 건축한 모스크는 최대 2만 5천 명이 실내에서 기도할 수 있으며, 광장을 합하면 10만 명이 동시에 참여하는 세계 3번째의 대형 모스크다.

모로코는 유럽인가? 아프리카인가? 도심이 혼잡하고 교통체증이 심한 것은 유럽의 여느 도시와 다르지 않다.

마라케시Marrakech는 3대 도시로 모로코 관광에서 빼놓을 수 없다. 메디나 자마 엘 프나Djemma el-Fna광장의 시끌벅적한 분위기는 관광객이 엄지로 꼽는 볼거리다. 낮의 무더위가 지나면 전통 음악가, 약장

▲ 자마 엘 프나 광장

수, 차력사, 코브라 쇼를 보이는 뱀꾼이 등장해 심심치 않은 길거리 공연을 제공한다.

빙 둘러싼 관중 뒤로는 사진 찍는 여행자를 찾아내는 와치맨이 있다. 코브라 쇼를 보며 사진을 찍으니 뒤에서 다가와 돈을 요구한다. "초상권을 침해했으니 돈 내놔?" 이들의 주 수입이기에 돈을 안 주면 여행자고 뭐고 없다, 못 내겠다는 여행자와 시비가 벌어지기도 한다. 마라케시는 바가지가 심한 모로코에서도 손꼽히는 지역이다. 적당히 주고 냉정하게 확 돌아서 가버려야 한다. 밤이 되자 광장은 환하게 불을 밝히고 먹거리 야시장으로 변신했다.

🚗 적당히 주고 휙 가버려야 한다

마라케시를 떠나 서쪽으로 간다. 편도 1차선 도로는 화물차로 인해 정체가 심했다. 앞차를 따라 트럭을 추월하고 한참을 달리니 교통경찰이 세운다. "프랑스어를 아느냐?" 그래서 "영어를 아느냐?"고 반문했다. 이제부터는 몸짓과 손짓으로 의사를 통해야 한다. 대충 알아듣기로는 앞지르기 금지위반은 40유로의 범칙금이니

▲ 교통 경찰

현장납부하라는 것이다. 가진 돈이 20유로 밖에 없어 카드로 납부하겠다 하니 안 된다고 한다. 한참을 고심하던 경찰은 휴게소에서 사람을 데려오더니, 길도 좁고 위험하니 교통법규를 잘 지키라는 내용을 전하고는 가라 한다.

아이투 벤 하도우는 아틀라스산맥 너머에 있는 요새도시로 서기 11세기경 이슬람교도 베르베르족이 세웠다. 낙타에 짐을 싣고 사하라 사막을 오가던 대상들이

▲ 아이투 벤 하도우

지나는 동서 교역로의 중심도시였
다.

  궁전과 성채를 겸한 카스바 메디
나Kasbah Medina에서는 어디서도 '카
스바의 춤추는 여인'은 보이지 않았
다. 그리고 주민 거주시설과 모스
크, 지하 저장고, 학교가 미로 같은
골목길을 따라 작은 산을 가득 채웠다. 언덕의 마루터기에는 외세 침입에 대비하
고 부족의 위상을 과시하기 위해 망루를 높게 세웠다. 척박한 땅과 기후를 가진
이들은 주변의 황토로 집을 짓고, 들판에서 키운 양과 소로 우유와 고기를 얻고,
밀과 채소를 양식으로 삼아 살아간다. 일대는 많은 영화의 현지 로케가 있었던
거대한 천연 스튜디오다.

  〈아라비아의 로렌스〉, 〈나자렛 예수〉, 〈007 리빙 데이라이트〉, 〈글래디에이터〉,
〈알렉산더〉 등 무수한 영화가 이곳에서 촬영되었다.

거대한 천연 스튜디오

▲ 디데스 협곡

디데스 협곡은 수만 년을 살아온 땅의 역사다. 돌고 돌기를 수십 구비 올라도 위에서 보니 높이만 다를 뿐 바로 그 자리다. 나무 하나 없는 바위산은 수만 년의 세월을 견뎌온 풍상이다.

🚗 아프리카의 그랜드 캐니언, 토어하 협곡

토어하Todra협곡은 아프리카의 그랜드 캐니언이다. 아틀란타 산맥의 빙하 녹은 물이 흐르는 강의 좌우로 수백 m의 가파른 직벽 바위가 협곡을 이룬다. 자연이 만들어낸 위대한 모습에 눈물나도록 감탄했다.

이탈리아에서 온 10대의 모터바이크는 정비차량과 유도차량 2대를 앞뒤로 세우고 이곳으로 들어왔다.

▲ 토어하 협곡

　이곳에서 멀지 않은 메르주가^{Merzouga}는 알제리 국경에 근접해 있으며 사하라사막이 시작되는 도시다. 10개국에 걸친 사하라사막은 그 면적만도 860만 ㎢로 한국 땅의 86배다. 아름다운 모래사막 에르그세비^{Erg Chebbi}가 여기에 있다. 세상사 모든 것은 바람에 흩날리는 먼지와 같은 것, 사막에서 인간의 자취란 티끌에 불과한 것이다.

　자동차를 끌고 사막으로 들어갔다가 겨우 빠져나왔다. 모래에 빠지면 하루고 이틀이고 낙타가 차 꺼내주기만을 기약없이 기다려야 한다.

　에르푸드^{Erfoud}를 지나면 지즈^{Ziz}계곡이다. 아틀라스산맥은 나무한 그루 보이지 않는 벌거숭이지만

사하라 차막

▲ 아름다운 모래사막 에르그세비

척박한 땅에서는 이마저도 산이라는 이유로 귀한 대접을 받는다. 우연히 만난 자동차 여행자와 이런저런 이야기를 나누는 것도 여행이 주는 작은 일상이다.

페스Fes는 모로코 여행자에게 친숙한 도시다. 페스 역에 있는 호텔에 여장을 풀었다. 주변이 북적대는 옥외 주차장이라 경비초소 옆으로 차를 세우고 경비에게 사례한 후 각별히 부탁했다. 어디에서나 목숨 걸고 지켜야 하는 것이 자동차의 무탈이다.

페스, 가죽 염색공장

가죽 염색 공장을 찾았다. 금요일이라 염색 공방은 문을 닫았지만 이곳이 내려다 보이는 가죽공예 상점은 오는 손님을 마다하지 않았다. 방송이나 전문가 사진에 찍힌 화려하고 다채로운 색상의 공방을 기대한다면 다소 실망스럽다.

또 9,500여 개나 되는 좁은 미로에서 길을 잃기 십상이지만, 이정표가 잘 되어 있어 그런 염려 또한 재미있으라고 하는 이야기다.

드디어, 로프 산맥의 초입에서 바다 물빛을 쏙 빼닮은 푸른 도시 쉐프샤우엔 Chefchaouen을 만났다. 15세기 말, 에스파냐에서 쫓겨난 베르베르족이 이주하며 번성한 도시다. 그리고 1930년대에는 유대인들이 대거 유입되었다.

▲ 파란색 도시 쉐프샤우엔

냉정하고 신비로운 파란색 도시 쉐프샤우엔은 유럽과 아프리카 문화가 뒤섞여 묘한 분위기를 풍긴다. 온통 파랗게 치장한 도시의 색채는 눈이 시리고 부시도록 아름답다.

푸른 하늘 아래로 파란 주택, 파란 공방, 파란 상점, 파란 골목을 걸어 우타엘하맘Outa el-Hammam광장으로 향한다.

▲ 우타엘하맘 광장으로 가는 길

유대인이나 수도사 복장을 한 사람이 많았다. 인종, 종교, 문화 등 구성 요소의
서로 다름이 쉐프샤우엔이 다른 도시와 차별된다. 자동차를 빼러 주차장으로 가
니 입차할 때와 출차할 때의 요금이 서로 다르다. 들어갈 때는 아버지고 나갈 때
는 아들이다.

🚗 아프리카의 흑진주, 모로코를 떠나며

모로코를 떠나는 날이다. 일찍 탕헤르메드 항으로 출발했다. 들어올 때와 마찬
가지로 항구는 무질서의 극치다. 자동차들이 한데 몰려 혼잡하기 이를 데 없다.
3차선의 승선 트랙은 자연스레 4차선이 되고 곧이어 5차선이 된다. 출국심사는
입국과 다르게 까다롭고 복잡했다. 세관을 통과한 다음, 차량에 대한 스크린 검
색이 있었다. 수십 개 국가의 국경을 통과했지만 이런 첨단 검사장비는 처음이다.
11시가 되어서야 모하비를 배에 실었고 오후 1시에 항구를 떠났다.

모로코를 다시 올 수 있을까? 훼손되지 않은 자연과 가공하거나 인위적이지 않
은 문화유산, 전통을 지키며 사는 사람이 사는 매력적인 나라, 모로코는 아프리
카의 흑진주다. 누구는 이런 말을 한다. "치안이 불안하다." 하지만 모로코는 안
전했다. 서사하라와 영토분쟁이 있
지만, 관광객의 일반적인 여행 루
트에서 멀다. 페스 등 관광지에서
흔히 발생하는 소매치기는 유럽이
더 많다.

▲ 탕헤르메드 항구

스페인 알헤시라스로 돌아왔다.
지척에 있는 지브롤터^{Gibraltar}로 향
한다.

남부유럽

| 내 차로 가는 유럽여행 |

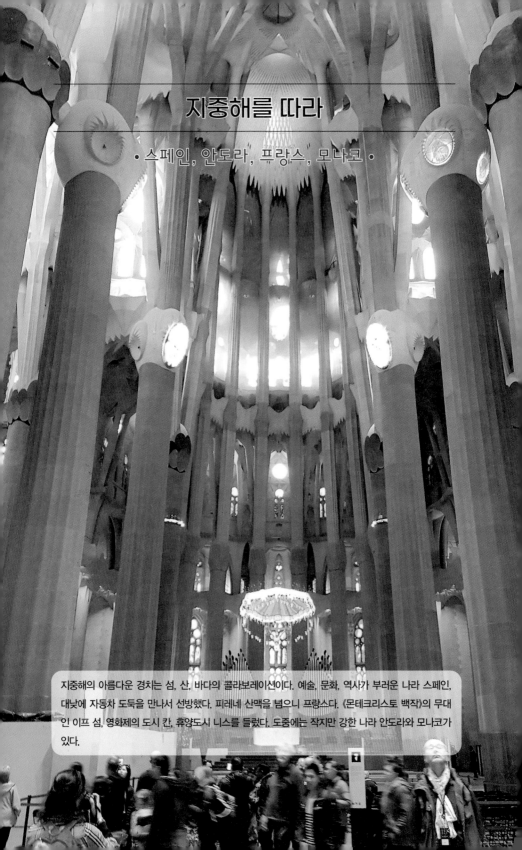

지중해를 따라

· 스페인, 안도라, 프랑스, 모나코 ·

지중해의 아름다운 경치는 섬, 산, 바다의 콜라보레이션이다. 예술, 문화, 역사가 부러운 나라 스페인, 대낮에 자동차 도둑을 만나서 선방했다. 피레네 산맥을 넘으니 프랑스다. 《몬테크리스토 백작》의 무대인 이프 섬, 영화제의 도시 칸, 휴양도시 니스를 들렀다. 도중에는 작지만 강한 나라 안도라와 모나코가 있다.

지브롤터는 이베리아반도 최남단에 있는 영국의 직할 식민지다. 영국 본토 브리튼 섬에서 무려 2,300㎞ 떨어진 스페인 영토 안에 있으며 여의도 두 배 면적인 6.8㎢에 인구가 3만 명이다. 그런데 왜 영국 땅인가?

▲ 지브롤터

1700년, 스페인 왕 카를로스 2세에게 두 명의 딸이 있었다. 한 명은 프랑스 루이 14세, 그리고 다른 한 명은 독일 레오폴트 황제와 결혼했다. 카를로스 2세는 죽으며 유언장을 남긴다. "나의 후계자는 프랑스 루이 14세의 손자다." 이 한마디 말이 전쟁을 불렀다. 프랑스와 스페인의 거대한 연합국가 탄생에 반발한 영국, 네덜란드, 포르투갈, 그리고 당시 신성로마제국이었던 독일과 오스트리아는 연합하여 전쟁에 돌입했으며 프랑스와 스페인은 패했다. 이것이 바로 1701년부터 1714년까지 지긋지긋하게 오랫동안 싸운 스페인 왕위계승 전쟁이다.

▲ 절벽바위 정상에 영국 해군기지가 있다.

네덜란드 위트레흐트에서 열린 종전협상에서 승전국들의 땅따먹기가 이루어졌다. 이때 승전국 대표 영국은 스페인의 지브롤터를 할양받아 식민지로 삼았다. 지금 스페인은 지브롤터를 돌려 달라고 요구한다. 영국의 대처는 양면작전이다. "전쟁을 해서라도 지브롤터를 지키겠다."라는 강공대치와 "주민들이 영국으로 남기를 원한다"라는 실효지배 원칙의 주장이다. 높이 425m 바위산은 바다를 향해서는 급경사의 절벽이고, 북쪽은 완만한 내리막의 낮고 편평한 평야가 안달루시아 지방으로 연결된다. 따라서 대부분의 주거지역은 북쪽에 있으며, 바다가 보이는 절벽 바위 위에는 영국 해군기지가 있다.

국경 통과에 걸린 시간은 불과 5분, 국경을 지나니 바로 공항이다. 지브롤터의 최남단은 유로파 포인트^{Europa Point}다. 날이 맑으면 지브롤터 해협 건너 세우타^{Ceuta}와 리프^{Rif}산맥이 보인다.

스페인 내륙도시 론다^{Ronda}와 그라나다^{Granada}로 간다. 말라가 산맥의 풍성한 산허리를 수십 굽이 돌아 해발 723m 절벽도시 론다로 간다. 높이 110m의 깊은 계곡을 경계로 구시가지와 신시가지가 나뉜다. 두 곳을 잇는 교량은 1793년에 만든 누에보^{Nuevo}다.

누에보 다리

🚗 소설가 헤밍웨이와 시인 마리아 릴케가 사랑한 절벽 도시, 론다

론다는 하늘과 초원 사이에 떠 있는 공중 도시다. 론다를 사랑한 어니스트 헤밍웨이는 1940년, 스페인 내전 당시 특파원으로 전쟁에 참여했으며, 이때의 경험을 소재로 《누구를 위하여 종은 울리나》를 집필했다. 시인 라이너 마리아 릴케는 꿈의 도시를 찾아 헤맨 끝에 론다를 찾았다고 말한다. 아침에 다시 들른 누에보 다리는 한국인 단체 관광객들로 발 디딜 틈이 없다. 또 하나의 명소는 스페인에서 가장 오래된 론다 투우장이다.

절벽도시 론다

하이웨이를 달려 그라나다로 들어왔다. 인구 94%가 로마 가톨릭 신도임에도 이슬람 유적과 문화가 눈에 띄게 많다.

서기 711년, 북아프리카 베르베르족 7,000여 명은 지브롤터 해협을 건너 스페인 코르도바Cordoba와 톨레도Toledo를 점령했다. 1492년, 이슬람Nasr왕조가 패망할 때까지 800년 동안 스페인 북부를 제외한 전 지역이 이들에 의해 지배됐다. 베르베르족은 초기 코르도바를 주도로 했으며 중반기 세비야Seville로 이동했다. 그리고 마지막 멸망할 때까지 그라나다를 중심으로 통치기반을 구축했다. 그라나다 관광의 정점은 이슬람 왕조 알함브라Alhambra의 궁전이다.

🚗 '알함브라 궁전의 추억'을 작곡한 타레가의 슬픈 사랑 이야기

1896년, 기타연주가 겸 작곡가 프란치스코 타레가Tárrega는 제자 콘차의 부인을 짝사랑했다. 그녀가 사랑을 거부하자 그는 슬픔에 잠겨 '알함브라 궁전의 추억'을

▲ 알함브라의 궁전

작곡하고 연주했다. 음이나 선율을 빠르게 규칙적으로 떨리듯이 되풀이하는 트레몰로^{Tremolo} 주법이 특징이다. 사랑을 앞에 두고 떨리는 마음을 애절하게 표현하는 기타의 선율이 애간장을 녹인다. 알람브라 궁전은 이슬람 문화예술의 극치이고 진수다. 크지 않은 궁전에는 대리석, 타일, 옻칠로 이뤄진 아름다운 장식을 한 방이 파티오^{Patio}를 중심으로 배치된다. 아라베스크의 치밀한 벽면 장식과 조각은 이슬람 미술과 예술의 절정이다.

맞은편으로 보이는 언덕은 사크로몬테^{Sacromonte}로 집시들의 집단 거주지역이다. 14세기에서 15세기에 걸쳐 유럽에 집시들이 등장했다. 바람에 구름 가듯 정처 없이 떠돌던 집시들은 어디서나 박해와 추방을 당한 마이너리티^{minority}다. 100만 명에 이르는 스페인 집시의 유래는 15세기 칭기즈칸의 몽골 대제국 당시 몽골군을 피해 안달루시아 지방으로 이주해 정착한 인도 펀자브 후손이라는 것이 정설이다.

사크로몬테^{Sacromonte}는 플라밍고 공연장, 교습소, 레스토랑, 카페, 거주지 등 집시와 관련한 생활과 문화가 한데 모인 집시들의 삶의 터전이다. 여기에서 만나는 사람은 모두 집시로, 무표정하고 신장이 작았다. 이들은 집시 커뮤니

▲ 사크로몬테

티를 구성하고 서로 의지하며 살아간다. 뭉치면 살고 흩어지면 죽는 것은 이들 사회도 마찬가지다.

'집시들이 왜 이곳에 정착했을까?' 1492년, 베르베르족을 몰아내기 위한 기독교도의 대반격이 시작됐다. 집시들은 기독교인들에게 알람브라 궁전으로 침투할 수 있는 비밀통로를 알려주었다. 그래서 궁전을 탈환하고 이슬람의 오랜 지배를 청산할 수 있었다. 에스파냐 왕은 집시의 공을 높이 치하하고 이들에게 정착하여 살 수 있는 거주권을 주었다.

▲ 미래 도시 콤플렉스

발렌시아는 제3의 도시로 지중해에서 가장 큰 물동량을 처리하는 컨테이너 항이 있다. 미래 도시 콤플렉스를 찾았다. 노상 주차장에 세워둔 모하비 뒤로 낡은 승용차가 접근했다. 차에서 내린 청년이 우리 차에 다가가 안을 살폈다. 크게 소리 지르며 달려가니 급히 차에 올라 도망간다. 스페인에서는 차량털이범을 조심해야 한다. 스페인은 콤플렉스를 '예술과 과학의 도시'라고 한다. 투리아Túria강의 낮은 저지대에 있는 불모지를 개발해 공상과학영화에서나 나올 듯한 미래 도시를 건설했다. 미술전시관, 국제회의장, 뮤지컬과 문화공간, 유럽 최대의 수족관. 이렇게 미래 지향적인 현대 건축물은 세계 어디에도 없으며 프랑스 파리의 라데팡스를 압도한다.

스페인의 대표 음식 "빠에야"는 발렌시아가 원조다. 연중 화창한 지중해 날씨로 양질의 쌀, 신선한 채소와 과일 공급이 원활하다. 또 축산물 가공과 유통산업

Hemisferic Museo de las Ciencias

이 발달했다. 가로수도 오렌지 나
무다. 레스토랑의 야외 테이블에는
바람에 메뉴판이 날아가는 것을
막으려고 어김없이 오렌지가 올려
져 있다. 기원전 138년, 로마가 건
설한 발렌시아는 지중해 무역으로
번창했다. 중세에는 이슬람 지배를
받아 이슬람과 가톨릭의 문화가
공존한다.

▲ 중앙시장

🚗 차량파손과 물품도난이 종종 발생하는 악몽의 도시 바르셀로나

바르셀로나Barcelona는 스페인 여행의 중심이다. 여행자들이 많으면 도둑도 많아
진다. 많은 자동차 여행자가 이 도시에서 차량이 털리고 손상되는 피해를 봤다.

우리는 CCTV와 차단게이트를 완벽하게 갖춘 전용 지하 주차장이 있는 호텔에 숙박하고 대중교통을 이용했다.

▲ 구엘공원

바르셀로나는 건축가 안토니오 가우디Gaudi에 의해 관광벨트가 형성된다. 구엘공원Parc Guell은 만화책에나 나옴직한 인형 같은 작은 집, 모자이크와 타일로 장식된 계단, 나무를 연상케 하는 기둥, 자연을 모티브로 하여 타일이나 모자이크를 소재로 삼아 조성한 공원이다. 가우디의 창조와 상상의 세계가 얼마나 무한하고 무궁한지를 잘 보여준다.

▲ 성가족 성당

가우디가 설계한 성가족 성당 Sagranda Familia을 찾았다. 1882년에 설계했으며, 최종 완공은 2026년이다. 무려 250년의 공사 기간이 걸리는 역사적이고 기념비적인 건축물이다. 설계, 구조, 공간 구성, 인테리어가 독특하고 창의적이라 다른 유수의 종교건축물과 차별된다.

▲ 성가족 성당 내부

내·외부의 성상은 리얼리즘에서 과감히 벗어났다. 일반적인 성당의 내부가 침침한 어두움으로 침묵을 강요하고 엄숙함을 강조하지만, 성 가족성당은 밝은 색상의 석재와 화려한 스테인드글라스, 유입되는 햇빛의 양을 최대로 한 구조설계

까사밀라

로 인해 밝은 주황색의 톤을 띤다. 색다른 공간 구성과 평범하지 않은 피팅으로 일반 성당이 가진 규칙적이고 정형화된 보편의 틀에서 과감하게 벗어났다.

까사밀라Casa Mila는 19세기 말의 수익형 부동산이다. 당시 부유층도 임대수익을 얻기 위해 아파트먼트를 지었다. 내부 시설, 설비, 인테리어가 현대와 크게 다르지 않은 것에서 얼마나 시대를 앞선 건축물인지 알 수 있다. 자연에서 영감을 얻은 자유분방한 건축가의 창조적 예술혼이 가득 스며있다. 외벽과 발코니는 물결무늬로 사면이 둥글게 이어지게 했고, 발코니 레일에는 미역같이 비틀고 꼬여진 추상적인 난간을 설치했다. '입주자를 위해 조용히 관람해 달라.' 지금도 사람이 산다.

람블라스Ramblas 거리의 끝에 포트벨Port Vell항구가 있다. 콜럼버스가 신대륙을 발견하고 돌아온 항구로 60m 높이의 콜럼버스 기념탑이 상징적이다.

항구 근처에 있는 몬주익Montjuic언덕은 해발 213m로 나지막하다. 미라마르Miramar 전망대에 오르면 바르셀로나 시가지와 지중해가 한눈에 보인다. 1992년

제25회 올림픽에서 황영조 선수가 마라톤에서 우승했다. 그가 심장이 터질 듯한 고통을 느끼며 마지막 스퍼트를 한 구간이 바로 몬주익 언덕이다.

▲ 포트벨 항구

주경기장 앞 녹지에 황영조 선수의 우승 기념비와 경기도에서 설치한 '이 뜨거운 우정 영원하여라.'가 새겨진 조형물이 있다. 솔직하게 말하면 가우디로 대표되는 바르셀로나에 설치하기엔 수준이 많이 떨어진다. 밤이 되면 에스파냐 광장을 잇는 마리아 크리스티나의 음악 분수대에서 레이저 분수 쇼가 펼쳐진다.

몬세라트Montserrat로 간다. 불교 사찰이 산속에 있다면 유럽에는 수도원이 있다. 몬세라트 수도원은 속세를 멀리하고 구도의 길을 선택한 수도자들이 정진하는 수행 공간이다. 기독교 4대성지로 꼽히며 '라모네레타La Monereta'라는 검은 성

▲ 몬세라트 수도원

모 마리아를 보기 위해 순례자와 신자들의 발길이 끊이지 않는다. 그러나 실망스러웠다. 수도원 주위는 주상복합상가가 들어서 난개발이 이뤄지고 상업화됐다. 대형 쇼핑몰과 레스토랑이 수도원 광장의 지하에 들어섰다. 수도원을 병풍처럼 둘러싼 인상적인 톱니 모양의 산은 중층의 주거시설로 가려졌다. 중세의 수도원이 가진 수행과 고행의 가치를 훼손하는 분별없는 개발은 세계 어디서도 보기 힘든 것이다.

🚗 스페인과 프랑스가 품은 피레네산맥의 보석, 안도라

피레네산맥의 고산지대에 작지만, 알차고, 강한 나라 안도라^{Andora}가 있다. 국경 입국에 걸리는 시간은 1분으로 신속하다 못해 쾌속이다. 프랑스와 스페인의 지배를 받고 독립했지만 지금도 프랑스와 스페인의 공동 우산 속에 들어있는 나라다. 세종특별자치시보다 조금 큰 면적의 안도라는 경작지가 고작 2%에 불과한 산악국가다. 인구는 86,000명 내외로 에스파냐의 카탈루냐인을 다수로 포르투갈, 프

랑스 등 다국적 인종이 모여 산다. 국가와 민의를 주도하는 주체적 민족이 없다는 것이 약점이지 않을까 싶지만, 단일 민족이 꼭 강점을 가지는 것도 아님을 실증적으로 보여주는 나라가 안도라다.

▲ 안도라 다운타운

오래전부터 프랑스와 스페인으로부터 정치와 외교의 도움을 받았다. 형식적인 국가원수는 프랑스 대통령과 스페인 우르헬 교구의 가톨릭 주교가 공동으로 맡는다. 전쟁 시에는 프랑스와 스페인이 대신 싸워주는 것으로 협약되어 있으니 군대가 필요 없다. 100명의 경찰이 국가 치안을 담당하는데, 프랑스 국립경찰과 스페인의 바르셀로나 경찰이 1년씩 교대한다. 대학까지 의무교육이고, 군대 없고, 국민소득 높고, 세계 최장수 국가다. 라 발리라^{La Valira} 강이 흐르는 좌우안의 산으로 들어선 그럴듯한 건물은 호텔, 펜션, 리조트라고 해도 지나치지 않고 산은 모두 스키장이라 해도 과하지 않다. 겨울이 길고 적설량이 풍부하여 유럽인이 선호하는 겨울 스포츠 메카다. 프랑스로 통하는 유일한 도로인 해발 2,407m 엔발리라^{Envalira} 고개를 넘는 길은 환상적인 드라이브 코스다. 그 고개를 넘어 프랑스로 간다.

엔발리라 고개

🚗 반 고흐의 활동무대 아를, 종교의 도시 아비뇽, 지중해 최대 항구 마르세유

빌로프헝슈 드 꽁플렁은 스페인 국경 근처의 요새다. 17세기경 건설된 12개 요새가 세 개의 계곡이 합류하는 트라이앵글에 위치하며 성의 소유는 대부분 민간이다.

아를Arles로 들어왔다. 전통 복장의 주민과 축제에 동원된 말로 도심이 북적댄다. 서기 90년에서 100년 사이에 건설한 원형 경기장에서 오늘을 살아가는 주민들의 축제가 열린다. 아를은 네덜란드 출신의 화가 빈센트 반 고흐의 후반기 활동무대이고 그가 말년을 보냈다. 반 고흐의 이야기는 네덜란드, 스페인, 프랑스 등에서 회자되지만 작품의 주요 무대는 아를이고, 그가 입원한 정신병원도 이곳이다. 2015년 뉴욕의 소더비 경매에서 고흐의 풍경화 〈알리스캉의 가로수 길〉이 717억 원에 낙찰됐다. 이것이 최고가가 아니다. 1990년 890억 원에 낙찰된 〈가셰 박사의 초상화〉도 역시 고흐의 작품이다. 사후에 이런 최고 대접을 받는 반 고흐

아를의 구지가지

는 생전에 돈이 없어 지지리도 가난하게 살았다. 정신병 발작으로 자신의 귀를 자르기도 한 고흐는 정신병원에 입원과 퇴원을 반복했다. 그리고 1890년, 권총으로 37세의 생을 마감했다.

가르^{Gard}교는 고대 로마시대의 수도교로 기원전 19년경 세웠다. 로마인이 세운 수도교 중에서 가장 높은 47m, 길이는 300m에 달한다. 전체 길이는 48㎞로 홍수와 지진에도 불구하고 2000년을 견뎠다.

▲ 전통 축제

▲ 가르교

아비뇽Avignon은 종교의 도시다. 1309년부터 1377년까지 로마 가톨릭 교황청이 있던 도시다. 로마 교황청과 마찰을 빚던 프랑스 필리프 국왕은 성직자에게도 세금을 부과했다. 그리고 교황청을 로마로부터 아비뇽으로 옮기도록 압력을 행사했다. 아비뇽으로 이전한 교황청은 주변으로 10개의 탑을 세우고 난공불락의 요새로 건설되었으며, 면적은 4,500평에 이른다.

남부 프랑스의 대표도시 마르세유Marseille는 지중해의 최대 항구다. 18세기 산업혁명으로 인한 공업사회로의 전환, 프랑스의 아프리카 식민지배 강화, 수에즈 운하의 개통으로 비약적인 발전을 이뤘다. 그러나 2차 세계대전으로 도심의 대부분이 파괴되어 중세유적이 거의 남지 않았다.

🚗 장편소설 《몬테 크리스토 백작》의 무대가 되었던 섬

▲ 이프 섬에서 바라본 마르세유 전경

▲ 소설 속의 당테스가 갇혀있던 감옥

이프If섬으로 간다. 작가 알렉상드르 뒤마의 장편소설《몬테 크리스토 백작》의 무대가 된 섬이다. 주인공 에드몽 당테스는 억울한 누명을 쓰고 약혼녀까지 빼앗긴다. 그리고 이프 섬에 투옥되어 14년간 복역한다. 그는 늙은 죄수 아베 파리아로부터 이탈리아 앞바다에 있는 몬테 크리스토 섬에 보물이 숨겨져 있다는 비밀을 유언으로 듣는다.

폭풍우가 치던 밤, 늙은 죄수의 시체를 담은 자루에 대신 들어간 당테스는 바다로 던져져 극적으로 섬을 탈출하는 데 성공한다. 몬테 크리스토 섬에서 많은 보물을 얻은 당테스는 몬테 크리스토 백작이란 이름으로 파리 사교계에 화려하게 등장하여 약혼녀를 빼앗고 자신을 감옥에 가둔 원수들을 찾아내 통쾌한 복수를 한다. 작가는 부패한 파리 상류사회를 비판하기 위해 소설을 썼으며 이프 섬은 그냥 지나칠 수 없는 유명 관광지가 됐다.

▲ 페스티벌 궁전 계단

칸Cannes 영화제가 열리는 휴양도시 칸은 영화의 도시답게 버스 중앙 차로에 '샤론 스톤'의 포스터가 걸려있다. 칸 영화제가 열리는 페스티벌 궁전을 찾아 붉은 카펫이 깔린 계단을 우아하게 올라가며 유명 스타가 되어 본다.

앞 광장의 바닥에 있는 핸드 프린
팅을 따라가며 좋아하는 배우를 찾
아보는 것도 소소한 재미다.

▲ 샤갈 미술관

밤늦게 남부 프랑스의 대표적
인 휴양도시 니스Nice로 들어왔다.
샤갈Chagall을 만나기 위해 시미에
Cimiez지구를 찾았다. 샤갈 미술관은 1973년에 지어져 86세 생일을 맞은 샤갈에
게 헌정된 국립미술관이다. 살아있는 사람을 위해 건립된 국립미술관으로는 최초
다. 더구나 샤갈은 프랑스로 망명한 러시아인이었다.

집과 같은 느낌을 원했던 샤갈의 예술적 혼과 정신이 스며있으며, 전시된 작품
은 가족에 의해 기부되었다. 샤갈 작품의 대부분은 성경을 모티프로 한다. 초현
실주의 화가로 따뜻한 표현과 화려한 색채를 사용한 독특한 화풍을 이끌었다. 그

니스 시가지

는 레지옹 도뇌르 훈장을 받았으며 생존작가로는 드물게 루브르 박물관에 작품이 전시되는 영광을 얻었다.

니스 성으로 오르면 시내와 해변이 조망되는 전망대가 있다. 지중해의 푸른 바다와 끝없는 모래 해변, 밀려오고 사라지는 파도, 시가지를 덮은 붉은 지붕이 아름답게 다가온다.

2020년 10월 29일, 니스에 있는 노트르담 성당에서 흉기 테러가 일어났다. 2016년 7월 1일에는 니스 해변에서 테러리스트가 19톤의 대형트럭을 몰고 군중 속으로 돌진해 86명의 목숨을 앗아갔다.

테러는 왜 프랑스를 노리나? 1차 세계대전에서 오스만튀르크 제국의 패전이 기정사실화되었다. 대부분의 이슬람권을 지배하던 오스만튀르크의 영토를 비밀리에 나눠 가지려고 영국 대표 사이크스와 프랑스 대표 피코는 1916년 5월 사이크스 피코Sykes-Picot 협정을 체결했다. 프랑스와 영국은 인위적으로 국경을 분할했다. 시리아와 레바논은 프랑스가, 이라크와 요르단은 영국이, 터키의 동부는 러시아가, 그리고 팔레스타인은 공동 관리하는 것으로 합의했다. 제국주의의 식탁에서 당사국은 철저하게 배제된 채 이중외교와 비밀외교의 야합이 이루어졌다.

프랑스와 영국이 이슬람 종파, 부족, 언어를 무시하고 임의로 탄생시킨 국가는 이후 여러 세력이 각자의 영유권을 주장하며 분쟁을 계속하는 빌미를 제공했다. 현대 중동국가들의 탄생과 맞물린 역사적 원인, 그리고 중동과 이슬람이 주도하는 테러는 떼려야 뗄 수 없는 인과관계를 가진다. 또 프랑스는 서방국가 중에서 모슬렘 인구가 가장 많다. 전체 인구의 약 9%인 600만 명이 모슬렘이다. '똘레랑스(관용)의 나라' 프랑스는 테러와의 전쟁이라는 깊은 딜레마에 빠졌다.

🚗 세계에서 두 번째로 작은 나라, 모나코

모나코는 도시국가다. 1.9㎢의 면적으로 인구는 고작 35,000명이다. 한 사람만 건너면 다 아는 사람이다. UN에 가입한 독립국가로 외교와 국방은 프랑스의 몫이다.

▲ 모나코 대공궁

언덕으로 가득 찬 고급 저택과 수십억을 호가하는 요트가 항구에 즐비하다. 조세회피처로 모나코를 선호하는 유럽 부호들이 대거 이주했기 때문이다. 관광과 카지노가 주 수입원인 모나코의 고층건물은 모두 호텔과 카지노라고 보면 그리 틀리지 않는다.

헤라클레스가 지나갔다는 전설의 언덕에 모나코 대공궁Palais de Monaco이 있다. 작은 나라답게 1명의 근위병이 왕궁을 지킨다. 외부는 평범하지만, 내부는 화려하다. 근처에 있는 모나코 대성당 지하 왕실 묘역에는 왕비 그레이스 켈리와 남편 레니에 3세가 잠들어 있다. 지중해안의 절벽에 세운 해양 박물관은 아름다운 궁전 스타일로, 바다에서 바라봐야 멋지다.

1956년, 세기의 결혼식이 열렸다. 미국 출신의 영화배우 그레이스 켈리와 모나코 왕자 레니에가 화려하고 성대한 결혼식을 올렸다. 레니에 왕자는 12캐럿의 다이아몬드를 그레이스 켈리의 손에 끼워 주며 프러포즈했다. "이 성은 나 혼자 살기에는 너무 크다." 자신에게는 멋진 말이었지만 "이 집은 나 혼자서 살기에도 너무 좁습니다."라고 말해야 하는 대다수 세상 남자를 초라하게 만들고 상실감을 느끼게 했다. 레니에 왕자의 프러포즈와 결혼은 많은 여성의 선망이 되었다. 전 세계가 지켜본 결혼식은 모나코를 세계에 널리 알리는 계기가 됐다.

그레이스 켈리는 아름답고 우아한 여성 1위에 오른 여배우다. 호사다마라고나 할까? 신은 한 사람이 모든 행복을 다 갖는 것을 허락하지 않았다. 그녀는 산길을 자동차로 달리던 중 갑작스러운 발작으로 인한 사고로 목숨을 잃었다.

몬테카를로에는 카지노가 있다. 국가에서 운영하며 왕실의 주요 수입원이다. 또 매년 5월이 되면 모나코 항구와 몬테카를로는 레이싱 서킷으로 바뀐다. 그리고 모나코 F1 그랑프리에 열광하는 유럽인의 환호가 모나코와 유럽 대륙을 덮는다. 좁은 도로와 S커브, 가파른 언덕, 터널로 이루어진 서킷은 최고시속 289㎞, 그리고 최저속도 47㎞로 난이도가 높아 사고가 많다.

모나코를 빠져나가는 길은 좁고 급한 산길의 연속이다. 차 한 대 비켜나기 힘든 길을 S자로 돌아 산 위로 올라가야 한다. 프랑스로 다시 들어와 이탈리아로 향했다.

시내 전경

이탈리아
반도

| 내 차로 가는 유럽여행 |

모든 길은 로마로 통한다

• 이탈리아, 바티칸, 산마리노, 몰타 •

세계 중심이었던 고대 로마는 지중해를 에워싼 대제국, 유럽 탄생의 기반을 만들고 서구 문명과 문화에 지대한 영향을 끼친 이탈리아, 그들의 고대 문명 앞에서 우리는 말을 잃었다. 나 홀로 국가 산마리노와 '가톨릭의 본산' 바티칸, 시칠리아에서 또 다른 이탈리아를 만나고, 밤 배를 타고 몰타로 간다.

🚗 그림자를 벗 삼아 걷는 길, 방랑자

모나코를 떠나 프랑스를 거쳐 이탈리아로 가는 길은 터널과 교량의 연속이다. 산레모San Remo에 도착했다. 이탈리아 북서부의 지중해 연안에 자리한 휴양, 관광, 음악 가요제의 도시다.

산레모 가요제는 1951년 개최된 세계 최초의 국제가요제다. 한국에도 실황중계가 될 정도로 인기가 높았으며 가요제에서 입상한 노래는 한국어로 번안되어 불렸다. 〈Volare〉, 〈Non ho l'eta〉, 〈Il Cuore é uno Zingaro〉, 〈Vagabondo〉, 〈Casa Bianca〉 등 우리에게 친숙한 노래가 많다. 아름다운 바다도 빼놓을 수 없다. 해안가를 달리던 기찻길은 자전거도로로 전용되어 아름다운 지중해 해변의 종려나무 숲길을 걸을 수 있는 호사를 누리게 되었다. 노벨상의 창설자 알프

▲ 산레모 가요제가 열렸던 카지노

▲ 부사나 베키아

레드 노벨의 집이 왜 여기에 있을까? 다이너마이트를 발명한 노벨은 1891년 경영 일선에서 물러나 산레모에 정착해 말년을 보냈다.

인근에 있는 부사나 베키아Bussana Vecchia는 죽음의 도시다. 1887년 강력한 지진이 일어나 2,000명이 죽었다. 당국은 주민을 이주시키고 마을을 폐쇄했으나 예술

가들이 정착하며 세계적인 예술촌으로 재탄생했다.

친퀘테레

친퀘테레Cinque Terre로 간다. 지중해 연안에 있는 다섯 곳의 전통 마을이 오솔길을 따라 타래실 이어지듯이 연결된다.

아페르토 바Aperto Bar는 친퀘테레 마을이 모두 내려다보이는 높은 언덕 위의 카페다. 하늘을 붉게 물들이며 지중해로 떨어지는 낙조가 아름답다.

🚗 레오나르도 다빈치가 3년에 걸쳐 그린 세기의 걸작, 〈최후의 만찬〉

밀라노 두오모Duomo 대성당은 1386년 초석을 놓고 500년이 흐른 1890년에 준공했다. 높이 157m, 폭 66m의 성당 외부에 세운 성인 3,159위의 조각상은 정교하고 섬세하기가 말로 표현되지 않는다. 루프에는 135기의 성인 동상이 있고, 중앙에는 109m 높이 위에 올려진 성모 마리아상이 있다.

산타마리아 델레 그라치에Santa Maria delle Grazie 성당으로 간다. 성당에 붙어있는 도미니코 수도원의 식

▲ 밀라노 두오모 성당

▲ 레오나르도 다빈치, 최후의 만찬

당 벽에는 레오나르도 다빈치가 3년에 걸쳐 그린 세기의 걸작 〈최후의 만찬〉 벽화 진품이 있다. 미리 인터넷 예약을 하지 않으면 원하는 때에 관람하기 힘들다.

도시 베로나에 있는 아레나 원형 극장은 120년에서 130년경에 건설된 로마 시대 경기장이다. 맹수와 검투사의 결투장이었으며 로마의 콜로세움보다 반세기 늦게 건설됐다. 최대 2만 2,000명을 수용하며 여름 시즌에는 오페라 페스티벌이 열린다. 우리는 하루를 기다려 라틴 록그룹 산타나 공연을 관람했다. 〈Samba Pa Ti〉, 〈Europa〉, 〈Black Magic Woman〉, 〈Abraxas〉는 우리에게 잘 알려진 노래다. 2000년 전의 경기장에서 기타리스트 카를로스 산타나의 현란하고 끈적거리는 일렉기타에 심취했다.

물의 도시 베네치아는 기대에 어긋나지 않게 예쁘고 그림 같은 도시다. 본섬에 있는 비잔틴 양식의 산마르코 성당과 두칼레 궁전은 베네치아의 중심

산마르코 성당과 두칼레 궁전은 베네치아의 중심

이다. 베네치아에서 가장 베네치아다운 건축물이 두칼레 궁전이다. 나폴레옹은 산마르코 광장을 세계에서 가장 아름다운 응접실이라고 했다.

베네치아에서는 곤돌라를 타야 한다. 뱃사공이 부르는 〈산타 루치아〉와 〈오 솔레미오〉를 들으며 두칼레 궁전과 카사노바가 건너갔다는 '탄식의 다리'를 지난다. 유리 세공으로 유명한 무라노Murano 섬으로 가려면 다시 40분 배를 타야 한다. 부라노Burano 섬은 상업성이 배제되고 주거지가 많아 조용히 둘러보기에 좋다.

🚗 세계의 여행객을 불러 모으는 부실시공 건축물

　피사Pisa, 비가 주룩주룩 내리는 아침, 로컬버스를 타고 시내로 간다. 두오모 광장으로 가면 두오모 성당과 피사의 사탑으로 잘 알려진 두오모 종탑이 나온다. 피사의 사탑은 생각보다 기울어짐이 심했다. 부실공사로 지어진 건축물을 보기 위해 세계 각지의 여행자가 찾고 있으니, 이런 반전도 보기 힘든 일이다. 1173년 8월 9일, 초석을 놓은 종탑 공사는 지반 토질의 불균형으로 탑이 기울자 5년 만에 공사를 중단했다. 1275년 설계변경을 통해 구조를 보강하고 공사를 재개했으나 기울기는 멈추지 않았다. 중단과 재개를 거듭한 후 1372년 피사의 사탑이 완공됐다. 높이 56m 피사의 사탑은 중심축을 기준으로 5.5도가 기울었다.

　사탑 내부에 있는 294개의 스파이럴 계단을 걸어 루프로 올라갔다. 쓰러져 무너질 것 같은 건물 위에 삐딱하게 버티고 서 있자니 정서적으로 불안해진다. "빨리 내려가자." 피사의 사탑은 이탈리아가 대놓고 자랑하는 중세유적이다. 단 부실공사를 하지 않았다면 이런 유명세를 치르지 않을 것이 너무 자명하다.

피사의 사탑

🚗 르네상스 예술을 꽃피운 도시, 피렌체

피렌체^{Florence}, 건축, 조각, 회화를 통해 르네상스 예술을 꽃피운 중세 피렌체는 역사나 한 시대를 대표하고도 남음이 있다. 1296년 착공된 산타 마리아 델 피오레 성당은 르네상스 건축의 최고 걸작이다. 유명한 예술가들이 참여해 160년에 걸쳐 완공했으며, 세계에서 네 번째로 큰 성당이다.

▲ 산타 마리아 델 피오레 성당

"그렇게 이름 하나만 가지고 권력을 유지한 가문은 없었다." 메디치 가문^{Medici Family}을 일컫는 볼테르의 말이다.

▲ 싼 지오반니 세례당

메디치 가문은 1400년대부터 350년간 금융업으로 막대한 부를 축적하고 교황까지 배출한 귀족 명문가로, 르네상스 예술의 대표적 후원자였다. 레오나르도 다빈치, 보티첼리, 미켈란젤로가 메디치 가문의 전폭적인 지원 아래 그들의 재능을 아낌없이 발휘했다.

1743년 메디치 가문의 마지막 후계자는 소장하던 모든 예술품을 "피렌체 밖으로 반출하지 않는다."라는 조건으로 기부하는 유언을 남기고 사망했다. 다만 "공짜로 구경하게 하라."는 조건이 빠져 아쉽다.

🚗 세계 최대의 미술 컬렉션, 우피찌 미술관

우피찌^{Uffizi} 미술관의 소장품은 메디치 가문이 기증한 작품이 컬렉션의 대부분이다. 매월 마지막 주 일요일은 무료인데 오늘이 그 날이다. "돈을 안 받는다."고 직원이 외치자 모두 환호성이다. 공짜를 좋아하는 것은 인종과 종교를 불문한다. 우피찌는 세계에서 가

▲ 보티첼리, 비너스의 탄생

장 많은 미술품을 소장하고 있으며, 피렌체 여행의 하이라이트이다. 친숙한 보티첼리, 레오나르도 다빈치, 미켈란젤로, 라파엘로 등 대가들의 작품을 마음껏 관람할 수 있다. 한국에서는 몇 년에 한 번 볼까 말까 한 불후의 명작을 한 곳에서 모두 감상할 수 있는 절호의 기회다.

미켈란젤로 언덕을 올랐다. 한 청년이 연인에게 프러포즈하는데 사진사와 들러리까지 대동했다. 미켈란젤로의 다비드상이 서 있는 광장을 오르니 발에 땀이 나도록 다녔던 관광 명소가 모두 발아래로 보인다.

▲ 미켈란젤로 언덕의 프로포즈

▲ 산 비탈레 바실리카 성당

도시 라벤나Ravenna는 아드리아 해로 연결되는 고대 동서 교역의 중심이었다. 고대 로마와 비잔틴 시대의 종교 관련 유적이 많이 남아있다. 유적의 특징은 종교적 사실과 행위를 돌과 유리를 사용하여 무늬나 그림으로 표현한 모자이크로 대표된다.

6세경에 세워진 산 비탈레San Vitale 바실리카 성당의 벽면과 수십 미터 높은 천장에 가득 들어찬 모자이크는 사람의 행동, 표정, 안색까지 정교하게 표현하여 모자이크 예술의 최고의 절정과 극한의 경지를 보여준다. 섬세하고 정교하게 표현된 모자이크를 보며 회화와 모자이크의 경계가 한순간에 허물어졌다.

🚗 바티칸, 모나코에 이어 유럽에서 세 번째로 작은 나라 산 마리노

이탈리아 안에 있는 작은 나라 산마리노San Marino로 간다. 정상 고원에 있는 다운타운은 차량 진입이 엄격하게 금지된다. 경찰차, 긴급차량, 쓰레기 수거 등 승인받은 차량만 통행이 가능하다. 일반차량은 산 아래에 있는 주차장에 차를 세우고 엘리베이터를 타고 도시로 들어가야 한다.

길을 걷다 보면 산마리노의 3부 요인을 모두 만날 수 있다. 주민이 우산을 쓰고 레스토랑으로 밥 먹으러 가는 사람이 총리라고 귀띔한다. 총리, 국회의장, 경찰서장을 길 위에서 만났다.

▲ 엘리베이터를 타고 들어가는 도시, 산마리노

▲ 아시시

산마리노는 교통신호등이 없었다. 경찰관의 아날로그 수신호에 따라 길을 건너니 이 또한 잊어버린 우리의 과거였다.

아시시Assisi로 간다. 성 프란체스코 성당이 빤히 보이는 전망 좋은 숙소를 찾아 하루를 마감했다. 중세 거리를 따라 성 프란체스코 성당으로 간다. 프란체스코는 1182년 부유한 상인 아들로 태어나 청빈한 수도자의 삶을 살며 예수님의 가르침을 따른 성인이다. 가난하고 병든 자와 함께하고, 마음을 다친 자에게 복음을 전하며, 예수님의 사랑을 몸소 실천한 성자다. 산 다미아노San Damiano는 프

▲ 성 프란체스코 성당

란체스코가 예수님의 음성을 들었던 장소에 세운 수도원이다. 욕망을 버리고, 고통을 견디며, 깨달음을 얻기 위해 정진하는 구도자의 수행 공간으로 많은 순례자가 이곳을 찾는다. 수도 로마가 멀지 않았다.

🚗 모든 길은 로마로 통하다... All Roads Lead to Rome

모든 길은 로마로 통한다. 대제국 로마가 유럽을 통치하기 위해 닦은 길이 무려 8만 5천km다.

로마 안의 작은 국가 바티칸, 세계에서 제일 작은 국가 바티칸은 로마 가톨릭의 중심이다. 이탈리아가 근대 통일국가로 바뀌며 땅을 잃게 된 로마 교황청은 1929년 무솔리니와의 협약에 의해 성 베드로 성당, 천사의 성, 바티칸 박물관 등이 포함된 구역을 바티칸으로 하는 독립국가로 태어났다.

로마 안의 또 다른 국가 바티칸

천사의 성San Angelo은 서기 135년 로마 황제 하드리아누스의 영묘로 옥상에는 대천사 미카엘의 조각상이 있다. 이탈리아 작곡가 푸치니Puccini의 오페라 '토스카Tosca' 무대가 이곳이다. 가톨릭의 총본산 성 베드로 대성당

▲ 천사의 성

San Pietro Basilica은 예수님의 제자 베드로가 묻혀 있던 곳에 세운 성당으로 미켈란젤로가 설계했다. 바티칸 박물관과 시스티나 성당Cappella Sistina으로 들어간다. '최후의 심판'은 미켈란젤로가 교황 클레멘트 7세의 요청을 받고 그린 그의 대표작이다. 그리고 1512년에 그린 미켈란젤로의 천장 벽화인 〈천지창조〉가 있다. 벽의 좌우로 12개의 벽화가 그려져 있는데, 한쪽은 구약성서를 바탕으로 한 모세 행적에 대한 그림이고 다른 한쪽은 신약성경에 나오는 예수님의 행적을 그렸다. 시스티나 성당에서는 콘클라베Conclave라고 불리는 의식을 통해 교황을 선출하는 추기경 회의가 열린다.

로마 시내로 간다. 영화 〈로마의 휴일〉에서 오드리 헵번이 분수에 동전을 던지는 장면으로 널리 알려진 트레비Trevi 분수는 바로크 예술의 절정으로 아름다움의 극치다. 로마에서 소매치기가 가장 많이 몰린다는 이곳에는 앉을 틈도 없이 여행자가 몰렸다.

▲ 트레비 분수

콜로세움Colosseum은 단연 로마여행의 갑이다. 연 4만 명의 인원을 동원해 서기 80년에 완공했다는 경기장은 2000년의 세월이 흘러도 원형이 거의 그대로다.

▲ 콜로세움

🚗 이야기가 넘쳐나는 천 년 제국의 도시, 로마

로마의 배꼽으로 불리는 베네치아 광장에 유명한 맛집이 있다. 과연 좋은 맛으로 입을 즐겁게 했지만, 역시나 작업의 정석으로 우리를 실망시켰다. 로마에서는 음식을 먹으면 반드시 영수증의 내역과 가격을 확인해야 한다. 이 레스토랑도 요금을 의도적으로 과다청구하는 실수 아닌 실수를 저질렀다.

스페인 광장에는 난파선 분수가 있다. 로마를 흐르는 테베레 강의 홍수로 배가 이곳까지 떠 내려와 좌초되었다고 한다. 도시에는 이렇게 재미있고, 엉뚱하고, 황당무계한 이야기가 흘러넘쳐야 한다. 스페인 광장의 계단은 트레비 분수와 더불어 로마를 대표하는 명소다. 영화 '로마의 휴일'에서 오드리 헵번이 아이스크림을 먹으며 내려오는 장면으로 유명하다. 당국은 아이스크림의 얼룩과 흔적으로 계단이 지저분해지자 인근의 아이스크림 판매를 전면 금지했다.

▲ 스페인 광장의 계단

▲ 진실의 입

마지막으로 들른 곳은 진실의 입Bocca Della Verita이다. 해신 트리톤의 얼굴을 새긴 원형 석판이다. 벌려진 입에 손을 넣고 거짓말하면 손목이 잘린다는 전설이 있다. "여기는 서울이다."하며 손을 넣었더니 손목이 멀쩡했다.

🚗 찬란한 번영의 추억은 용암과 함께 사라지고, 폼페이

 폼페이 최후의 날, 폼페이Pompeii는 로마 시대에 번창했던 도시로 대략 3만 명의 인구가 살았다. 서기 79년 8월 24일, 베수비오Vesuvio 산이 폭발하며 내뿜은 엄청난 양의 화산재와 용암으로 뒤덮인 폼페이는 역사로부터 조용히 사라졌다.

 삶과 죽음을 맞바꾼 그들의 일상은 고스란히 땅속으로 묻히고 세상으로부터 잊혔다. 1738년, 밭을 갈던 농부에 의해 우연히 발견된 폼페이, 놀랍게도 지하 6m에 묻힌 폼페이는 원형이 완벽하게 보존되어 있었다. 방문객이 몰리는 곳의 하나는 유곽이다. 방문 앞에는 남녀 간의 성애를 소재로 한 에로틱한 그림이 그려져 있다. 후세들은 사치와 향락에 빠진 폼페이에 대한 신의 노여움이 화산폭발로 이어졌다고 말한다.

▲ 폼페이 최후의 날

▲ 나폴리 시내

 나폴리는 시드니, 리우데자네이루와 함께 세계 3대 미항이다. 나폴리는 전략적, 경제적 이유로 여러 나라에게 침략을 당했다. 항구 근처의 누오보Nouvo성은 13세기에 축조됐다. 프랑스의 앙쥬 가문에 의해 세워지고 후일 스페인이 점령했다. 근처의 산 카를로San Carlo는 이탈리아 3대 오페라 극장이다. 나폴리에서 카프리Capri섬 가는 페리선착장은 두 곳이다. 한 곳은 승객을 위한 고속 페리이고 다른 곳이 카 페리다.

🚗 해안 절벽과 지중해의 조화, 카프리 섬, 아말피 해안, 시칠리아

소렌토 반도 앞바다에 있는 카프리 섬, 온난한 기후와 아름다운 풍경으로 관광객이 많이 찾는다.

카프리Capri 섬의 도로는 중앙선이 없는 좁은 1차선이다. 마주 오는 차가 있으면 대피차로에서 기다려야 한다. 산길을 따라 아나카프리Anacapri로 간다. 낭떠러지 산길을 달려 도착한 곳은 푸른 동굴Blue Grotto이다. 티켓을 구매하는 티켓오피스가 바다에 떠 있는 배다.

▲ 푸른 동굴 해상 매표소

폭 좁은 카누를 타고 동굴 안으로 들어가면 바위 내부가 침식되어 생긴 동굴 호수가 나온다. 외부로 통하는 작은 슬롯을 통해 들어오는 햇빛이 동굴 속 바다를 온통 코발트 빛으로 물들였다. 솔라로 산Monte Solaro 정상에서는 지중해를 앞

카프리 해안

에 둔 나폴리, 소렌토, 베수비오가 보이는데, 나폴리가 왜 세계 제일의 미항인지 알 수 있다.

소렌토로 간다. '돌아오라 소렌토로'가 귀에 익숙해서일까? 처음 왔어도 친숙하다. 우리는 달 밝은 밤에 창문 아래에서 '사랑의 세레나데'를 부르는 이탈리아 남자의 사랑과 정열을 본받아야 한다. 우리나라는 '안 열어주면 쳐들어간다.'라고 하지 않는가?

▲ 솔라로 산

▲ 아말피 해안도로

아말피Amalfi 해안도로는 소렌토로부터 아말피를 지나 살레르노까지 가는 길이다. 아름다운 지중해를 따라가는 아말피 해안도로는 죽기 전에 꼭 달려야 하는 길이다. 앞에서 오는 차를 피하고 커브길에서 만나는 차에 놀란다. 달려가는 중간마다 중세마을이 우리를 반긴다. 살레르노 만에 있는 아말피 마을은 중세의 해상무역을 통해 경제적으로 부유했다.

9세기경 축성된 성 안드레아Andrea성당의 외벽은 모자이크로 화려하게 장식되었다. 유네스코 세계문화유산, 내셔널지오그래픽 선정 '죽기 전에 가봐야 할 50곳'의 명성에 걸맞은 아름다운 풍광이다.

파올라Paola에 도착해 여장을 풀었다. 잘 알려지지 않은 파올라의 올드타운은 때 묻지 않은 순수함이 있다.

▲ 성 안드레아 성당

빌라 산 지오바니^{Villa San Giovanni}에서 카페리를 타고 시칠리아 메시나^{Messina}항으로 간다. 우리나라 같으면 연륙교를 놓아도 벌써 놓았을 만치 시칠리아와 본토는 가깝다. 로마에서 시칠리아로 가는 기차는 이곳에서 배에 실려 메시나로 간다.

시칠리아 하면 영화 '대부'다. 암흑가 보스이자 마피아 대부로 출연한 말론 브란도 주연의 영화다. 〈시네마 천국〉, 〈누구나 자기만의 방식으로〉, 〈정사〉, 〈레오파드〉 등 많은 영화의 배경이 시칠리아다. 그만큼 시칠리아는 보여줄 것이 많은 섬이다. 기원전 8세기에 건설된 타오르미나^{Taormina}는 외적과 해적의 공격을 방어하려고 세웠으며, 기원전 3세기경의 그리스 극장은 고대 원형 극장으로 바다가 보이는 전망 좋은 곳에 위치한다.

▲ 원형극장

시라쿠사Siracusa는 기원전 733년경 그리스 시대에 건설된 도시다. 로마 원형경기장은 기원전 3세기에 만들어진 것으로 추정된다.

디오니시스의 귀Orecchio di Dionisio에는 흥미로운 이야기가 있다. 폭군 디오니시스는 채석장이었던 동굴에 정치범과 죄인을 가두었다. 그는 정치범들이 말하는 불평과 불만을 동굴과 연결된 작은 구멍을 통해 엿들었다. 그리고는 능지처참에 처한 것이 당연했으니, 불법 도감청의 원조인 셈이다.

▲ 디오니시스의 귀

시칠리아 최남단 포잘로Pozzallo에서 카페리를 타고 몰타Malta공화국으로 간다. 예약을 하지 않아 대기표를 받고 오랫동안 기다렸다.

🚗 지중해의 에메랄드빛 보석, 몰타

밤 9시 30분에 출항한 배는 1시간 30분 항해하여 수도 발레타Valletta에 도착했다. 몰타는 3개의 섬이다. 얼마 전 고조Gozo섬에 있는 아주르 윈도우Azure Window가 무너졌다. 침식과 풍화작용이 급속히 진행되어 언젠가는 무너질 것으로 예상했으나 그 시기가 빨랐다. 바다와 하늘을 담아내는 창문으로 몰타를 대표하고 세계인의 사랑을 받았던 아주르 윈도우는 신기루처럼 자취를 감췄다. 몰타 정부의 무성의한 대처가 세기의 자연유산을 물속으로 처박

아주르 윈도우

▲ 세인트 피터스 풀

은 것이다.

세인트 피터스 풀Saint Peter's Pool은 깊고 진한 에메랄드빛 지중해를 온 몸으로 느낄 수 있는 해상스포츠의 메카다. 블루 그라토Blue Grotto는 파 도와 바람으로 풍화되고, 침식하여 생겨난 해안동굴이다.

다시 돌아온 시칠리아는 오랜 역사와 다양한 문화를 가지고 있다. 고대 그리 스, 카르타고, 아랍, 노르만, 스페인, 오스트리아 등의 지배를 받고 1861년 이탈리 아령이 되었다.

▲ 주노신전

▲ 헤라클레스 신전

그리스 신전이 있었다. 주노Juno 신전은 기원전 450년에서 440년경 세워졌으니 무려 2500년 전의 역사다. 콩코르디아Concordia 신전은 주노Juno 신전보다 10년 늦게 세웠으며 기둥의 가로와 세로 배열이 서로 같다. 앞의 정원에는 추락한 천사상이 있는데 여자가 아니라 남자다. 어디서 본 기억이 났는데 피사의 사탑 옆 잔디밭에 누워있는 천사상과 똑같다. 후일 두 공간을 연결하는 황당무계한 스토리가 생겨 날 것이다.

팔레르모 대성당

헤라클레스 신전^{Templio di Ercole}은 기원전 6세기 말에 세워졌으니 제일 오래된 신전이다.

팔레르모^{Palermo}는 시칠리아의 주도이자 최대 도시다. 도시의 상징인 팔레르모 대성당은 1185년 건축을 시작하여 장장 600년에 걸쳐 건축한 성당이다.

🚗 노르만 왕궁과 알베로벨로의 트룰리

시청 광장에서 민속행사가 열리고 있었다. 사람이 많이 몰리면 어디나 소매치기가 있다. 유모차를 끌고 다니며 1유로를 적선해 달라는 여자가 있었다. 지갑의 위치와 돈이 있는지를 확인하려는 것이다. 표적이 되면 순식간에 대여섯 명이 달려들어 여행자의 혼을 빼고, 주머니 속의 지갑을 훔친다. 결국 백인 여성이 소매치기를 당했다.

노르만 왕궁은 죽기 전에 꼭 보아야 할 역사 유적이다. 다민족의 지배를 받은 팔레르모는 아랍 문명과 기독교 문화가 공존한다.

시칠리아의 마지막 숙소는 산꼭대기에 있는 B & B Paradise다. 야외에 마련된 식탁에서 와인을 곁들인 조식을 하며 해맞이를 하는 잊지 못할 추억과 기쁨을 가졌다.

시칠리아를 떠나 본토로 들어와 동쪽으로 간다. 풀리아^{Puglia} 주에는 트룰리 주택마을 알베로벨로의 트룰리^{Trulli of Alberobello}가 있다. 납작한 석회석 판을 고깔 씌우듯 쌓아 지붕을 만드는 트룰리 건축 양식이다. 주민들은 선사시대부터 이어진 전통의 건축양식을 고집하며 살아간다.

이들은 세무조사가 나오면 지붕을 허물어 무주택자가 되고 세관원이 돌아가면 뚝딱거려 집을 복원했다. 취득세, 보유세도 내지 않고 양도세도 내지 않는 주택이다.

세금을 안 내려는 필사적인 노력은 동서고금을 통해 똑같다. 대대로 이어온 주거 양식이 주민들의 돈과 직업이 됐으니 조상님께 감사해야 할 일이다. 이탈리아를 떠나 알바니아로 간다.

트룰리 건축 양식

발칸반도 남단

역사가 없는 나라는 존재하지 않는다

• 알바니아 •

유럽의 최빈국, 살인, 밀주, 매춘, 마약, 납치, 영화 〈테이큰〉에서 리암 니슨에게 호되게 당하는 악당은 알바니아인이다. "왜 우리를 가지고" 그들은 억울해한다. 세상은 멋대로 그들을 악의 축이라고 한다. 정 넘치고 친절한 사람들이 사는 나라 알바니아를 둘러본다.

이탈리아 바리^{Bari}에서 야간에 출항하는 카페리에 모하비를 실었다. 아드리아 해를 건너 두러스^{Durrës}로 간다.

알바니아는 2차 세계대전 후 공산정권이 들어섰다. 민주주의로 체제가 바뀐 것은 1992년에 들어서다. 치안이 불안하고 낙후된 경제라는 부정적 이미지로 세계인의 관심밖에 있었다. 하지만 역사가 없는 나라는 존재하지 않는다. 그동안 숨겨지거나 드러나지 않았던 알바니아 역사와 리얼한 삶의 민낯을 들여다볼 수 있음에 설렌다.

카스터는 돌의 도시다. 17세기에 지어진 주택이 성채 주변의 언덕을 꽉 채웠다. 블루아이^{Blue Eye}로 이동했다. 수심 150m 이상으로 추정되는 웅덩이에서 분출되는 엄청난 양의 물이 냉천의 발원지다. 물이 분출하는 중심은 진한 블루, 가장자리는 연한 푸른색을 띠어 블루아이라는 이름이 붙었다.

▲ 바리에서 두러스로 가는 카페리

▲ 돌의 도시 카스터

Blue Eye

사란더^{Sarandë}는 아드리아 해와 이오니아 해가 만나는 바다를 끼고 있는 휴양지로 맑은 물, 잔잔한 바다, 완만한 수심을 자랑하며 유럽 어디에도 뒤지지 않는 숙박 및 휴양시설이 즐비하다.

부트린트^{Butrint} 고고유적을 찾아 나섰다. 알바니아에 있는 몇 안 되는 세계 문화유산의 하나다. 기원전 4세기경 육로와 해상을 연결하는 교역도시로 발전했으며 그리스, 로마, 베네치아의 통치를 받았다.

14세기 중반 이후 환경과 지형의 변화로 도시와 인근 토지가 침수되어 습지로 변했다. 주민은 떠나고, 도시는 버려지고, 흙 속에 묻혔다. 1944년 발굴 작업이 시작되자 놀라운 일이 일어났다. 도시를 뒤덮은 진흙과 수풀이 고대 유적을 온전하게 보존하는 중요한 역할을 한 것이다. 부트린트 고고유적은 선사시대로부터 14세기 중반까지의 고대와 중세역사의 산 증거로써 고고학적 가치가 높게 평가된다. 알바니아를 떠날 시간이다. 언제 또 올 수 있을까?

▲ 사란더, 알바니아 최대 휴양지

▲ 부트린트 고고유적

유럽의 빛은 아테네로부터

• 그리스 •

누군가 이런 말을 했다. "그리스의 채무불이행에 대해 유럽은 연대하여 부채를 탕감해 주어야 한다." 현재의 유럽은 그리스가 있었기에 가능했다는 이야기다. 맞는 말이다. 그리스 문화는 로마를 이끈, 시대의 창조적 리더였다. 아테네로부터 에게해까지 두루 들리며 그리스 고대 문명에 놀라고 감탄했다.

알바니아 국경 검문소를 지나 그리스로 간다. 헬레닉^{Hellenic} 국경은 그리스 최서단에 있다. 출국과 입국에 소요된 시간은 20분도 걸리지 않았다.

🚗 그리스인 조르바를 따라나선 낯선 여행길에서 얻은 진정한 자유

날이 저물어 중간 도시에서 묵기로 했다. 예약 웹에서 귀와 눈에 익은 조르바 호텔을 찾았다. 《그리스인 조르바^{zorba}》는 그리스의 대문호 니코스 카잔차키스가 1946년 발표한 장편소설이다. 그는 이야기한다. "가끔은 그냥 시작해 보라구, 바람처럼 훌쩍 떠나보라구", "잠시 모든 것을 내려놓고 자유를 느껴 보라구."

오후 늦게 메테오라^{Meteora}에 도착했다. 길쭉한 사암 바위의 꼭대기에 올라서 있는 수도원으로 유명하다. 11세기부터 지어졌으며 15세기 말까지 24곳의 수도원이 들어섰다. 바위기둥의 높이는 평균 해발 300m이며 가장 높은 곳은 550m에 이른다. 현재 5곳의 수도원과 1곳의 수녀원이 있으며 곳곳의 바위 위에도 허물어진 수도원의 자취가 남아있다. 가장 높은 바위산 정상에 대수도원이 있다.

▲ 거대한 바위 위에 만들어진 수도원

수도자들은 절벽에 매달아 놓은 사다리나 밧줄을 타고 오르내렸고 물품은 그물에 담아서 올렸다. 세상을 등지고 평생을 신앙에 정진한 수도자의 삶과 일상을 볼 수 있는 종교 공동체다. 수도원에는 부엌, 식당, 창고, 숙소, 와인 저장고는 물론이고 시신보관소까지 갖췄다.

▲ 수도원 5개, 수녀원 1곳이 남아있다.

▲ 메테오라 수도원 시신보관소

남부 델포이Delphi로 간다. 크리소Crisso에 있는 게스트하우스를 숙소로 정했다. 마을로 들어가니 을씨년스럽다. 인근 광산이 폐광되며 마을은 공동화되고, 설상가상으로 대규모 산불이 마을을 쓸고 지나갔다. 젊은이들은 떠났고, 어른들은 농경지를 잃었다.

🚗 신탁의 도시 아폴로와 올림픽 성화 채화지, 헤라

아폴로 고대 유적지Archaeological Site of Delphi는 기원전 6세기까지 아폴론의 신탁을 받은 고대도시다. 그리스는 신화의 나라다. 신화를 바탕으로 한 고대 문화유적이 그리스의 역사다. 고대 그리스는 도대체 어떤

▲ 고대도시 델포이

▲ 올림픽 성화 채화지. 헤라 신전 앞의 알터

나라였나? 3000년 역사를 가진 고대도시 델포이의 위대하고 찬란한 문명 앞에
서니 고개가 숙여진다.

펠로폰네소스 반도에는 기원전 10세기경 제우스^{Zeus} 신을 숭배한 올림피아 고
고유적지가 있다. 헤라^{Hera} 신전은 기원전 7세기 말의 신전으로 도릭^{Doric} 스타일의
표본이다. 앞에 있는 알터Altar는 올림픽 경기의 공식적인 시작을 알리는 성화가
채화되는 곳이다.

기원전 470년과 457년 사이에 건설된 제우스 신전은 가로 6개, 세로 13개의 굵
은 기둥이 멀쩡히 남았다. 기원전 5세기 중반에 건설한 스타디움은 45,000명을
수용하는 대경기장이다. 단체로 방문한 새까만 후손인 중학생들이 하늘 같은 조
상들이 만든 경기장에서 달리기를 하고 있었다.

🚗 폐하, 박물관 하나를 가득 채울만한 보물을 발견했습니다

미케네Mycenae 고고유적지, 기원전 15세기 이후 300년 동안의 고대 그리스 문명으로 1876년 하인리히가 발견했다. 흥분한 그는 그리스 왕에게 전문을 보냈다. "폐하, 박물관 하나를 가득 채울 수 있는 보물을 발견했습니다."

아테네 가는 길에 코린트Corinth 운하를 들렀다. 그리스 본토와 펠로폰네소스 반도를 연결하는 인공운하다. 1882년부터 1893년까지 프랑스 자본과 기술로 건설했다. 그러나 운하 폭이 작고 수심이 낮아 상업 물류의 운항이 힘들다. 재미있는 것은

▲ 미케네 고고유적지

배가 지날 때 다리가 들리는 것이 아니라 바다 속으로 잠긴다는 점이다.

코린트 운하

고대 아테네의 중심에는 아크로폴리스^Acropolis가 있다. 아크로폴리스의 민주주의, 철학과 이념, 극장, 과학, 예술은 유럽 역사와 문화에 지대한 영향을 미쳤다. 파르테논^Parthenon 신전이 이곳에 있다.

▲ 파르테논 신전

기원전 447년부터 438년에 걸쳐 완성된 파르테논 신전은 고대 그리스문화의 집대성으로 세계 고대사에 있어 가장 중요한 유적이다. 서쪽 언덕에는 소크라테스 감옥이 있다. 그가 감옥에 갇힌 이유는 "신에 대해 알려고 했고, 신을 비판했고, 대화를 통해 청년들을 타락시켰다."라는 것이다.

▲ 3마리 유기견

로마 아고라^Agora는 오후 3시에 입장을 종료했다. 3마리의 유기견이 유적지를 지키고 있는데 3000년 유적지를 자기 집으로 가진 꽤나 유명한 개다.

그리스 최남단에 있는 전략적 요충지 수니온^Sounion 곳으로 간다. 고대 아테네가 에게해를 통행하는 선박을 통제했던 군사시설이다. 요새, 신전, 거주지 유적이 아직 남았다. 포세이돈^Poseidon 신전은 기원전 444년의 도리아식 고대 건축으로 400개의 섬이 떠 있는 에게해의 바로 앞에 있다. 이곳에서 볼 수 있는 일몰의 붉은 석양은 또 다른 볼거리다.

🚗 소피스트 국회의원의 이상한 3단논법

2015년 그리스의 채무불이행^{default} 선언 당시 그리스의 국회의원이 이렇게 말했다.

"유럽은 그리스에서 시작되었다."

"유럽은 그리스의 과거 위에서 태어났다."

그러므로,

"그리스의 채무 불이행에 대해 유럽은 연대하여 그 부채를 탕감해 주어야 한다."

캬! 대충 이런 이야기였다. 그리스를 떠난다.

내 차로 가는 유럽여행

초판 1쇄 2022년 2월 10일

지은이 김홍식, 성주안
발행인 김재홍
총괄/기획 전재진
마케팅 이연실
디자인 박효은

발행처 도서출판지식공감
브랜드 문학공감
등록번호 제2019-000164호
주소 서울특별시 영등포구 경인로82길 3-4 센터플러스 1117호{문래동1가}
전화 02-3141-2700
팩스 02-322-3089
홈페이지 www.bookdaum.com
이메일 bookon@daum.net

가격 18,000원
ISBN 979-11-5622-656-7 03980